Introduction to Physics as the Liberal Arts

教養としての物理学入門

笠利彦弥
Kasari Hikoya

藤城武彦
Fujishiro Takehiko

講談社

まえがき

　筆者らは，大学生初年次向けの「物理学」の講義を担当することが多い．近年いろいろな学生が入学してくるようになってきた．高等学校で物理学を履修していない学生，高校入学当初は履修していたが学年が上がるとき履修を途中でやめてしまった学生，履修したくても物理を専門とする先生が高校にいなかったという学生もいる．さらに，物理学を学ぶのに必要な数学に関しても，微分・積分を履修していないだけならまだましで，最近では行列，空間幾何までもが高校数学から消えてしまった．その結果，微分・積分を使って高校物理の内容を体系的に学び直すといった従来の「教養課程の物理学」の授業を行うことが難しくなった．

　また，学生たちの人生経験も変わってきている．子供のころの遊びは家の中でテレビゲームをやって過ごすことがもはやスタンダードである．コマ回しや凧揚げ，空を飛ぶ飛行機模型作りを経験している学生はぐっと少なくなった．物理学的な実体験が真に少ないのである．これらは，彼らの趣味趣向だけでなく外遊びする場所がないなどの社会全体の問題でもある．

　一方，卒業後の学生には従前より高い見識・能力が求められている．企業では新入社員をじっくり育て上げていこうとする風土は損なわれ，入社してすぐに即戦力となる人材を求めることが当たり前になりつつある．多様な背景をもつ学生を即戦力にするという，現実と理想の大きなギャップを大学4年間で埋めなければならない．このためにカリキュラムを詰め込み型にすればよいという意見もあるが，それには自ずと限界がある．どうしても学生自身が主体的に問い・学び・習得していってもらわなければならない．本書が企画されたのはこのような背景によっている．

　まず，宇宙・社会・生命といった誰にでもかかわりある事柄と物理学に深い関係があることを認識していただきたい．高校生に点数のとりにくい厄介な科目として嫌われている物理学であるが，その対象の広さ・深さは他の学際分野の追従を許さない．物理学に代表される科学的思考法を身につけることは，現代社会で生きていくうえでとても役立つのである．

　科学的思考法とは，対象を深く観察し，その中にある規則性・法則性を仮説として見出し，実験を通してその仮説を実証し，仮説が成り立つ範囲を踏まえて応用していくといった一連の思考の流れである．この思考法はネットやマスコミといった他者に流されることのない自己を確立するのに大変重要な役割を果たす．

　本書第1章では，宇宙の始まりから終わりについて概観する．これから起こる銀河衝突や太陽の終焉を乗り越えるために，我々は物理学を次世代へ伝承し，さらに発展させ続けなければならない運命にあることをみる．

　その後の章では，21世紀を生きる我々の身のまわりある道具や習慣，身近に起きる事故に

ついて考える．そこで活躍する重要な概念が「エネルギー」と「エントロピー」の2つである．これら2つの概念は特定の条件下で保存される．エネルギーは外界と物質やエネルギーのやり取りをしない系（孤立系）において保存される．エントロピーは外界との熱のやり取りをしない断熱系において保存される．

　エネルギーとエントロピーの概念を応用すると生活上でのヒントが多く得られる．たとえば第10章「風呂の物理学」では，「温まることは熱エネルギーの移行」「きれいにすることは洗浄によるエントロピーの低減」ととらえることができ，定量的評価もすることができるのである．

　本書を通じて物理学のイメージが少しでもよくなることが筆者らの願いであり，物理学を学ぶ動機づけの1つになれば我々の願いは達せられたことになる．さらには，大学卒業後も部屋の片隅において，折にふれて読み返していただきたい．21世紀における社会生活のあちこちに役に立つように編纂した．

　本書編纂にあたって，講談社サイエンティフィクの横山真吾さんにはとても我慢強くお付き合いしていただきました．お礼申し上げます．また，さまざまなテーマについて調べる際，東海大学図書館および図書館司書の方にお世話になりました．ありがとうございました．執筆にあたり家族の応援に深く感謝いたします．ありがとう．最終稿を読んでこれまでいろいろなことを教えていただいた方々のお顔が浮かびました．ありがとうございます．

　2018年初秋

著者を代表して　笠利　彦弥

本 書 の 読 み 方

本書全般について

本書は16章からなるが，各章は独立に読めるようになっているので，好きなところから読み始めてかまわない．章間に関連がある場合は，その都度その旨を書いておいた．

各章では，物理学に関係している身近なテーマを選んでいる．少し踏み込んだ内容は，コラムとして囲み記事になっている．初めて読むときコラムが難しく感じたら読み飛ばしてかまわない．興味がわいたら，ぜひコラムを読んでいただきたい．

授業等で用いる場合は，講師の好みで順序などを変えていただいてかまわない．講師の方が補足したい部分もあるだろう．好きなようにお使いただきたい．

章立ての意図

各章のテーマの選択はこれまで出会ってきた学生の顔を思い出しながら，彼らが目を輝かして聞いてくれそうな話題を選んだ．このため体系的な並びになっているわけではない．しかし，大まかには「過去から未来へ」「身近な問題から社会全体に関する話題へ」というふうに並んでいる．

各章での本文とコラム（囲み記事）

まずは，本文を読み進んでいただきたい．本文の内容をより深く理解できるようにコラム（囲み記事）を用意した．コラムには，「Focus」「参考」「発展」の3種類がある．「Focus」は本文にそくした物理学の解説である．本文で紹介された現象をより深く理解することができる．「参考」は理解の一助となる話題を提供している．「発展」はより進んだ内容を紹介している．

参考文献

コラムは物理学的な内容を手短に紹介したものであり，より深く体系的に学ぶには参考文献をぜひ参照していただきたい．

章末問題

各章の最後に章末問題がある．本文やコラムに関係している問題で，数値を入れるだけのやさしい問題から，解説文を読んでそれを応用する問題までさまざまである．数値を扱う際は関数電卓を用意するとよい．

一度は章末問題に挑戦していただきたい．はじめはできなくても気にしないで，しばらくたったら再度挑戦してください．解答を見るだけでも学ぶこともあるだろう．

目次

まえがき ... iii
本書の読み方 ... v

第1章 宇宙のビッグヒストリー ―宇宙・太陽系の始まりと終わり― ... 1

§1.1 はじめに ... 1
§1.2 宇宙の始まり ―ビッグバンから元素合成まで― ... 1
§1.3 地球の誕生 ... 4
 Focus1.1 数値の科学的表記法 ... 4
 Focus1.2 有効数字同士の計算（かけ算・わり算） ... 4
 Focus1.3 有効数字同士の計算（たし算・ひき算） ... 5
 Focus1.4 指数計算の法則 ... 6
§1.4 宇宙の終わり ... 7
 Focus1.5 SI接頭語 ... 8

第2章 地球とエネルギー ―エネルギー概念の導入― ... 11

§2.1 仕事 ... 11
 Focus2.1 単位と次元 ... 11
 Focus2.2 ベクトルの内積を使った仕事の定義 ... 12
 参考2.3 ベクトルの内積 ... 12
 発展2.4 仕事の一般的な定義 ... 12
§2.2 エネルギー ... 12
 Focus2.5 運動エネルギー ... 13
 Focus2.6 重力のポテンシャルエネルギー ... 14
 Focus2.7 ばねのポテンシャルエネルギー ... 15
 発展2.8 エネルギー保存則 ... 15
§2.3 地球上のエネルギー循環 ... 15
§2.4 化石燃料 ... 17
§2.5 再生可能エネルギー ... 17
§2.6 エネルギー消費と環境問題 ... 19

第3章 自動車の物理学 ―運動量と摩擦力― ... 21

§3.1 交通事故見分の実際 ... 21

Focus3.1 力学分野の構成 21

§**3.2** 重心の求め方 22

§**3.3** 慣性の法則 22

Focus3.2 慣性の法則（運動量の定義） 22

§**3.4** 制動初速度の算定 23

Focus3.3 摩擦力 24

Focus3.4 ニュートンの運動の法則 25

参考3.5 撃力近似と摩擦力 26

第4章 転倒の物理学 ―力のモーメント― 27

§**4.1** 家具の転倒 27

§**4.2** クレーンの転倒事故 27

§**4.3** てこの原理 28

§**4.4** 力のモーメント 29

参考4.1 ベクトルの外積 30

参考4.2 モーメントアーム 31

§**4.5** 家具の転倒条件 31

§**4.6** クレーンの転倒条件 32

Focus4.3 角運動量とトルク 33

発展4.4 てこの原理と物理学 33

第5章 飛行機の物理学 ―流体力学入門― 37

§**5.1** はじめに 37

§**5.2** 飛行の条件 37

Focus5.1 流体力学 38

§**5.3** 空気力学 38

Focus5.2 完全流体（理想流体） 38

§**5.4** 境界層と空気抵抗 39

§**5.5** レイノルズ数 40

§**5.6** 揚力の原理 40

§**5.7** 循環流 41

§**5.8** 翼に生じる揚力 42

参考5.3 飛行機の座標 43

第6章 IH調理器の物理学 ―電磁誘導による渦電流― 45

§**6.1** IH調理器の普及 45

§**6.2** アンペールの法則, ビオ・サバールの法則 45

§**6.3** ファラデーの電磁誘導の法則 46

目次　ix

　　　　Focus6.1　誘電起電力 47
§6.4　ジュール熱と消費電力 47
§6.5　IH調理器の原理　―渦電流― 48
§6.6　渦電流の応用 49
　　　　Focus6.2　エネルギーの移行 49
　　　　参考6.3　ローレンツ力と渦電流 50

第7章　色彩の物理学　―光―　　53

§7.1　眼球の構造 53
§7.2　光の加算混合・色の減算混合 54
§7.3　白色光のスペクトル 54
　　　　参考7.1　光とは何であろうか 55
　　　　発展7.2　電磁気学 56
§7.4　光の性質（電磁波の性質） 57
　　　　参考7.3　コヒーレンス（可干渉性） 58
　　　　参考7.4　レーザー光 59
　　　　発展7.5　3次元空間と光 59

第8章　太陽光発電の物理学　―光電効果と半導体―　　61

§8.1　太陽光発電 61
§8.2　P型半導体とN型半導体 62
§8.3　バンド理論 63
§8.4　PN接合と開放電圧 64
§8.5　太陽光発電における特徴的な電流値 66
　　　　発展8.1　光電効果 67
§8.6　エネルギー変換効率 68

第9章　電池の物理学　―化学反応ポテンシャル―　　71

§9.1　化学電池 71
　　　　Focus9.1　電位（静電ポテンシャル） 71
　　　　発展9.2　静電ポテンシャルの定義 72
§9.2　水の電気分解 72
§9.3　イオン化傾向 73
　　　　参考9.3　酸化反応と還元反応 74
§9.4　内部抵抗と電池容量 75
§9.5　アルカリ乾電池 76
§9.6　リチウムイオン電池 76
§9.7　燃料電池 77

x　目次

　　§9.8　物理法則と電池 ⋯⋯⋯⋯⋯⋯⋯⋯⋯⋯⋯⋯⋯⋯⋯⋯⋯⋯⋯⋯⋯ 78

第10章　生命維持とエネルギー　―熱力学入門―　81

　　§10.1　熱量と代謝 ⋯⋯⋯⋯⋯⋯⋯⋯⋯⋯⋯⋯⋯⋯⋯⋯⋯⋯⋯⋯⋯ 81
　　　　Focus10.1　ポテンシャルエネルギーと保存力 ⋯⋯⋯⋯⋯⋯⋯ 82
　　　　Focus10.2　熱力学入門一歩前 ⋯⋯⋯⋯⋯⋯⋯⋯⋯⋯⋯⋯⋯⋯ 82
　　§10.2　細胞内の熱力学 ⋯⋯⋯⋯⋯⋯⋯⋯⋯⋯⋯⋯⋯⋯⋯⋯⋯⋯⋯ 83
　　§10.3　ギブスの自由エネルギー，エンタルピー，エントロピーの関係 ⋯ 84
　　§10.4　化学反応と化学平衡 ⋯⋯⋯⋯⋯⋯⋯⋯⋯⋯⋯⋯⋯⋯⋯⋯⋯ 85
　　§10.5　ATPによる生命の駆動 ⋯⋯⋯⋯⋯⋯⋯⋯⋯⋯⋯⋯⋯⋯⋯ 86

第11章　お風呂の物理学　―熱平衡と熱放射―　89

　　§11.1　熱伝導 ⋯⋯⋯⋯⋯⋯⋯⋯⋯⋯⋯⋯⋯⋯⋯⋯⋯⋯⋯⋯⋯⋯⋯ 89
　　　　Focus11.1　熱力学第0法則 ⋯⋯⋯⋯⋯⋯⋯⋯⋯⋯⋯⋯⋯⋯⋯ 90
　　　　Focus11.2　熱力学第1法則 ⋯⋯⋯⋯⋯⋯⋯⋯⋯⋯⋯⋯⋯⋯⋯ 90
　　§11.2　熱容量と比熱 ⋯⋯⋯⋯⋯⋯⋯⋯⋯⋯⋯⋯⋯⋯⋯⋯⋯⋯⋯⋯ 91
　　§11.3　湯冷めの物理学 ⋯⋯⋯⋯⋯⋯⋯⋯⋯⋯⋯⋯⋯⋯⋯⋯⋯⋯⋯ 93
　　　　参考11.3　黒体 ⋯⋯⋯⋯⋯⋯⋯⋯⋯⋯⋯⋯⋯⋯⋯⋯⋯⋯⋯⋯ 94
　　§11.4　体をきれいにするということ ⋯⋯⋯⋯⋯⋯⋯⋯⋯⋯⋯⋯⋯ 94
　　　　Focus11.4　熱力学第2法則 ⋯⋯⋯⋯⋯⋯⋯⋯⋯⋯⋯⋯⋯⋯⋯ 95
　　　　発展11.5　エントロピーの統計力学的な解釈 ⋯⋯⋯⋯⋯⋯⋯ 95
　　§11.5　熱力学第3法則 ⋯⋯⋯⋯⋯⋯⋯⋯⋯⋯⋯⋯⋯⋯⋯⋯⋯⋯ 95
　　　　Focus11.6　熱力学第3法則と不確定性原理 ⋯⋯⋯⋯⋯⋯⋯ 96

第12章　エントロピーと社会　―エントロピー増大則と人間意識の役割―　99

　　§12.1　エネルギー循環型社会とエントロピーの概念 ⋯⋯⋯⋯⋯⋯ 99
　　　　Focus12.1　熱機関のエネルギー変換効率 ⋯⋯⋯⋯⋯⋯⋯⋯ 99
　　§12.2　エントロピーとカルノーサイクル ⋯⋯⋯⋯⋯⋯⋯⋯⋯⋯ 100
　　　　Focus12.2　エントロピー ⋯⋯⋯⋯⋯⋯⋯⋯⋯⋯⋯⋯⋯⋯⋯ 100
　　§12.3　エントロピーと経済学 ⋯⋯⋯⋯⋯⋯⋯⋯⋯⋯⋯⋯⋯⋯⋯ 101
　　§12.4　情報理論におけるエントロピー増大則と人間意識の役割 ⋯ 102
　　　　Focus12.3　エントロピー増大則 ⋯⋯⋯⋯⋯⋯⋯⋯⋯⋯⋯⋯ 103

第13章　楽器の物理学　―振動・波動―　107

　　§13.1　音波 ⋯⋯⋯⋯⋯⋯⋯⋯⋯⋯⋯⋯⋯⋯⋯⋯⋯⋯⋯⋯⋯⋯⋯ 107
　　　　Focus13.1　振動と波動の違い ⋯⋯⋯⋯⋯⋯⋯⋯⋯⋯⋯⋯⋯ 107

Focus13.2　波動要素の名称 107
§13.2　音の3要素 108
§13.3　弦の固有振動 110
　　　Focus13.3　調和振動（単振動） 110
§13.4　音階と12平均律 111
§13.5　音波の性質 111
§13.6　振動から波動へ 112
　　　Focus13.4　減衰振動と強制振動 112
　　　発展13.5　波動方程式 113

第14章　原子力発電と物理学　—核壊変—　　115

§14.1　原子力発電所事故 115
§14.2　産業素材としての原子力 115
　　　Focus14.1　原子の構成 116
　　　参考14.2　湯川秀樹と核力 116
§14.3　核分裂反応と核融合反応 117
　　　参考14.3　放射性崩壊様式 119
　　　参考14.4　半減期 119
§14.4　放射能と放射性物質 120
§14.5　放射線量 120
§14.6　人体に対する放射線の影響 121

第15章　CT・MRI・PETの物理学　—X線・核磁気共鳴—　　123

§15.1　画像診断装置の特徴 123
§15.2　X線の発見 123
§15.3　CTの原理 124
§15.4　MRIの原理 125
　　　参考15.1　核磁気共鳴 127
§15.5　PETの原理 127

第16章　化学反応と物理学　—量子力学の視点—　　131

§16.1　前期量子論 131
　　　参考16.1　「マクロな系」と「ミクロな系」 131
§16.2　シュレーディンガー方程式 133
§16.3　水素原子と量子力学 134
§16.4　水素類似原子による周期表解釈 136
　　　参考16.2　化学反応の種類 136
§16.5　化学反応と量子力学　—量子化学入門— 138
　　　発展16.3　分子軌道法 140

章末問題解答	141
付録A 数学公式	151
付録B 主な物理定数	155
付録C 主な物理量と単位	156
付録D 元素の周期表	158
付録E 4桁の原子量表	159
索引	160

第1章
宇宙のビッグヒストリー
―宇宙・太陽系の始まりと終わり―

ねらい

　本章では，宇宙について考える際に科学とりわけ物理学がいかに重要な役割を担っているかについて紹介する．本章では自然界全体を俯瞰（ふかん）するという意味合いで，宇宙誕生から今日に至るまでの歴史（**ビッグヒストリー**）を紹介する．宇宙の広がりは極めて大きく，また時間的にも誕生から約138億年という非常に長い年月が過ぎた．これらの数値を題材に大きな量の取り扱いについても学ぶ．

§ 1.1　はじめに

　古代の人々は毎年・毎日周期的にめぐってくる星々を見て，宇宙は規則正しく動く時計のようであり普遍的な存在であると考えた．「その規則正しい運動の背景にはより根本的な法則があるだろう」と昔の人々が考えたのも無理はない．自然の中に潜む真理の探究，科学の誕生である．

　直接肉眼では見えないものを望遠鏡や顕微鏡を発明して観察したり，落体の法則や電気と磁気の関係を明らかにしたり，原子や分子といったミクロの世界を研究したり，時間と空間の関係を研究したりして，科学は発展してきた．

§ 1.2　宇宙の始まり　―ビッグバンから元素合成まで―

　<mark>図1.1</mark> は，宇宙の始まりから今日までの歴史を示した図である．図の左から右にむけて時間が流れている．宇宙は約138億年前に始まったのである．これらを年表にまとめたものが <mark>表1.1</mark> である．1920年代後半，天文学者ハッブルによって数多くの銀河の観測が行われ，遠くの銀河ほど我々から速く遠ざかっていることが確認された．これにより宇宙が膨張していることがわかり，その後1970年代に物理学者ガモフが「宇宙は過去に高温・高密度の状態であった」と主張し，その高温・高密度の状態を**ビッグバン**と名づけた．

　宇宙の極めて初期に宇宙全体が急激に膨張した時期を**インフレーション**期という．インフレーション膨張によって宇宙全体が均一になったと考えられている．1981年に物理学者グースや佐藤勝彦が独立に提唱した．インフレーションモデルは最近の宇宙観測で支持されているが，どのようにし

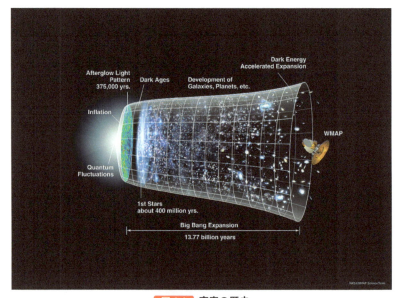

図 1.1 宇宙の歴史
[出典：NASA/WMAP Science Team]

表 1.1 宇宙誕生からの主な出来事

イベント	現在からおよそ何年前か
インフレーション膨張	約 138 億年前
ビッグバン	
ビッグバン元素合成	ビッグバンから 3 分後
宇宙の晴れ上がり	ビッグバンから約 38 万年後
最古の恒星誕生	133 億年前
最古の銀河誕生	132 億年前
宇宙の加速膨張が始まる	約 30 億年前

て始まったかなどの詳細はいまだに不明である．インフレーションが終わると，宇宙の膨張に急ブレーキがかかり高温・高密度の状態になる．最近では，このときの加熱をビッグバンとよぶことが多くなった．

ビッグバンの 3 分後からの 20 分間に原子番号 1 番の水素（H）から原子番号 4 番のベリリウム（Be）までの元素が作られた．これを**ビッグバン元素合成**という．このとき約 75 % の水素 1（^{1}H），約 25 % のヘリウム 4（^{4}He），約 0.01 % の重水素（^{2}H），10^{-8} % 以下のリチウム（Li）とベリリウム（Be）が生成された．これ以上の重元素は，核融合に必要な温度や圧力が下がったため，この段階では生成されなかった．

宇宙が膨張するにつれて温度や密度が下がると，それまで高い運動エネルギーをもって別々に飛び回っていた電子と陽子が結合し始めた．その結果，電子や陽子と衝突し散乱していた光子（光）が自由に飛び回れるようになった．この現象を**宇宙の晴れ上がり**という．ビッグバンから約 38 万年後に起こったと考えられている．宇宙の晴れ上がり時に放射された電磁波が現在でも宇宙を漂っている．これを**宇宙背景放射**といい，1964 年にペンジアスとウイルソンによって発見された．この放射の特徴は，宇宙の全方

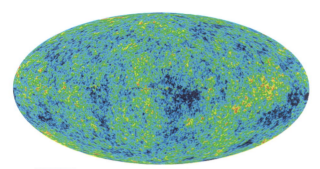

図 1.2 WMAP 衛星による宇宙背景放射の全天投影図

この図は空の全体からやってくる電磁波の強さを投影したものである．赤みがかった電磁波の強い場所では，物質の結合が進んでいると考えられる．しかしこの時点では，その差はたかだか 10 万分の 1 程度である．
［出典：NASA/WMAP Science Team］

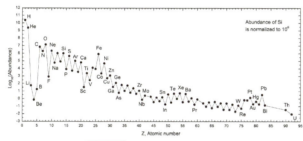

図 1.3 太陽系の元素組成比

水素 H，ヘリウム He，炭素 C，酸素 O，鉄 Fe の比率が高い．またトリウム Th やウラン U といった重元素も含まれていることにも注意してほしい．
［出典：Shizhao/Orionus/Wikimedia Commons］

向から均一に 2.7 K（ケルビン）の温度に対応する黒体放射*として観測されるというものである．図1.2はアメリカの WMAP 衛星による全天における温度 2.7 K 付近の宇宙背景放射のデータである．色は放射の強さに応じてつけられたもので，実際にこのような色がついているわけではない．赤色や黄色の部分は放射強度が強い場所で，水色や青色の部分は放射強度が弱い場所である．放射強度の強い場所には物質が多く分布していると考えられている．この宇宙の晴れ上がり時の 10 万分の 1 程度の物質の密度揺らぎがきっかけとなり，万有引力により物質同士が引き寄せ合い，次第に恒星や銀河を形成していったと考えられている．

現在の宇宙に存在する元素のほとんどは水素である．つぎにヘリウム，わずかにリチウム，ベリリウムが存在している．ベリリウム以上の重元素は太陽質量の 8 倍以上の恒星の終焉時の爆発（**超新星爆発**など）によって合成されたと考えられている．図1.3 に示すように太陽系の元素組成比を見ると，原子番号の小さい軽元素のほうが，原子番号の大きな重元素より組成比が高いことが見てとれる．

2011 年のノーベル物理学賞は，パールムッター，リースおよびシュミットの 3 氏に贈られた．彼らは遠方の超新星爆発を多数観測し，その明るさがこれまで考えられていた減速膨張宇宙からの予想より暗くなっているという事実から宇宙が**加速膨張**をしていることを発見したのである．この研

*電磁波を完全に吸収して反射しない物体を黒体という．黒体から放射される電磁波を黒体放射といい，黒体の温度によって電磁波の波長が決まる．

究から宇宙の膨張は，減速膨張であったものが約30億年前に加速膨張に転じたことが判明した．その原因は**ダークエネルギー**（**真空のエネルギー**）が関係していると考えられている．

§ 1.3 地球の誕生

図1.2の宇宙背景放射のデータが示すように，質量密度の高い場所と質量密度の低い場所がビッグバンから約38万年後にできていた．その後，質量密度の高い場所では万有引力によって物質同士が引き寄せ合い，銀河を形成していった．銀河の形成には**暗黒物質**＊や**ブラックホール**が関与していると考えられている．我々の銀河（天の川銀河）は直径約10万光年の円盤状銀河であることが観測よりわかっており，太陽系はその円盤の端に存在している．

＊光を反射したり発したりしないので見えないが，重力を介して物質同士を集めると考えられている物質．

太陽系は今から約47億年前に分子雲が収縮して誕生した．太陽系の内側では岩石質の**地球型惑星**が，外部では木星に代表されるようなガス質の惑星が，太陽を焦点の1つとした楕円軌道を描いて周回運動をしている．地球の誕生も太陽系の誕生と同時期と考えられる．また，地球の創世期に大きな隕石が衝突して一部が飛び出し，月を形成したと考えられている（**ジャイアントインパクト仮説**）（図1.4）．

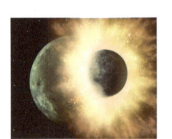

図1.4 ジャイアントインパクト仮説
古代の地球に大きな隕石が衝突して，その結果地球の衛星である月が形成されたというジャイアントインパクト仮説が有力になっている．
［出典：NASA/JPL–Caltech］

Focus 1.1 数値の科学的表記法

数値の科学的表記法とは，**有効数字**と**指数**を使って表す表記法である．たとえば

$$2.36 \times 10^{25}$$

のように，2.36の数値部と10^{25}の指数部に分け，これらの積で数値を表す．数値部の最大桁のすぐ後ろに小数点をつけるように約束する．すると指数部を見るだけで，およその大きさ（桁，オーダー）を知ることができる．数値部は有効数字を使って表されており，最少桁に±1程度の誤差が含まれている．上記の例では，2.36は有効数字3桁で，2.35〜2.37の数字であることを表している．科学的表記法で表された数値同士のかけ算・わり算は数値部同士，指数部同士のかけ算・わり算をすればよく，有効数字の計算法と指数計算の法則に従えばよいので，計算が容易であるため間違いが少なくなる．

Focus 1.2 有効数字同士の計算（かけ算・わり算）

計算結果は有効数字の桁数の少ないほうの桁数に合わせる．

例
$$
\begin{array}{r}
2.3\underline{7} \\
\times\ \ 2.\underline{3} \\
\hline
71\underline{1} \\
47\underline{4} \\
\hline
5.4\underline{51}
\end{array}
$$

有効数字 3 桁
有効数字 2 桁
※黄色の部分にあいまいさが
含まれている

最小桁にだけあいまいさが現われるように丸める．よってこの場合，小数点以下第 2 位の 5 を四捨五入する．よって答えは 5.5 となり有効数字 2 桁である．この例では，

$$
（有効数字 3 桁）\times（有効数字 2 桁）＝（有効数字 2 桁）
$$

これを一般化して

$$
（有効数字 m 桁）\times（有効数字 n 桁）＝（有効数字 n 桁）\quad（n\leqq m）
$$

がいえる．この考え方は，わり算のときも成り立つ．

例題 1.1 つぎの有効数字同士の計算をせよ．

(1) 1.233×2.56

(2) $9876\div123$

(3) $12.5\div5.4$

(4) 3.14×4.5

解答

(1) 3.16

(2) 80.3

(3) 2.3

(4) 14（厳密には 14.1 である．これは例外で「桁上がりの場合」といわれる．理由は筆算をして確かめよ．）

Focus 1.3 有効数字同士の計算（たし算・ひき算）

計算結果は絶対値の大きい数値が支配的となる．

例 1
$$
\begin{array}{r}
13.5\underline{8} \\
+\ \ \ 0.01\underline{3} \\
\hline
13.59\underline{3}
\end{array}
$$

よって，13.59

例 2
$$
\begin{array}{r}
13.\underline{58} \\
+\ \ 1\underline{3} \\
\hline
26.\underline{58}
\end{array}
$$

よって，27

例題1.2 つぎの有効数字同士の計算をせよ.

(1) $15.0078 + 0.0022$

(2) $15.0078 - 15.0000$

(3) $15.0078 - 15$

(4) $15.0078 + 15$

解答

(1) 15.0100

(2) 0.0078

(3) 0

(4) 30

Focus 1.4 指数計算の法則

(1) かけ算:べきのたし算になる.

$$10^m \times 10^n = 10^{m+n}$$

(2) わり算:べきのひき算になる.

$$10^m \div 10^n = 10^{m-n}$$

(3) べき乗:べきのかけ算になる.

$$(10^m)^n = 10^{m \times n}$$

例題1.3 つぎの指数計算をせよ.

(1) $10^3 \times 10^2$

(2) $10^4 \div 10^2$

(3) $10^{3/2} \times 10^{1/2}$

(4) $(10^5)^2$

解答

(1) 10^5

(2) 10^2

(3) 10^2

(4) 10^{10}

§ 1.4 宇宙の終わり

地球の未来を考えるうえで最大のイベントが，約50億年後に起こるであろう**太陽の終焉**である．図1.5 のように太陽は4つの水素からヘリウム原子を1つ作り出すことによって莫大なエネルギー（26.65 MeV）を得ている．反応式で表すと

$$4p + 2e^- \longrightarrow {}^4He + 6\gamma + 2\nu_e + 26.65\,\text{MeV} \quad (1.1)$$

となる．ここで，pは陽子，e^-は電子，γはγ線（電磁波），ν_eは電子（型）ニュートリノを表している．γ線は，4回の陽子-重水素反応から4個，電子の対生成から2個生成されるので，合計6個となる．M（メガ）は10^6を意味するSI単位系（国際単位系）の接頭語である．eV（電子ボルト，エレクトロンボルト）はエネルギーの単位である．

1 eV とは，電子や陽子といった単位電気素量（1.602×10^{-19} C）をもつ荷電粒子1個を1 Vの電位差で加速したときに得られる運動エネルギーの値である．これは1 eV＝1.602×10^{-19} J に相当する．元素間の電子のやり取りである化学反応のエネルギーは数 eV 程度である．つまり，太陽内部で行われる核反応から放出されるエネルギーは，化学反応の約10^7倍にもおよぶのである．

太陽の質量は1.989×10^{30} kgで，太陽系全体の質量の99％を占めている．その約74％が水素，約25％がヘリウムである．反応式(1.1)は約110億年続くと考えられており，すでに47億年たっているので，あと63億年後まで太陽は輝くこととなる．水素がすべてヘリウムに核融合すると内部の圧力が上昇するので，太陽は膨張し**赤色巨星**になり，水星と金星を飲み込むと考えられている．さらに76億年後には，ヘリウムの燃焼が始ま

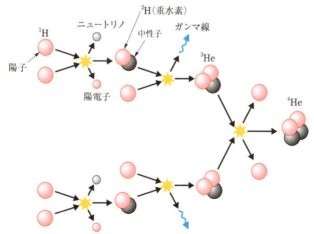

図1.5 **太陽内で行われている水素核融合の概略図**
水素4個からヘリウム1つが核融合により生成される．

り炭素まで核反応が進むと，その後再び膨張し地球の軌道付近まで膨らむ．すると，地球上は灼熱となり，生物はもはや地球では生きていくことができない．

太陽の終焉を心配する前に考えなければならないのが，**天の川銀河**と**アンドロメダ銀河**（図1.6）との衝突である．天の川銀河は40億年以内にアンドロメダ銀河と衝突すると考えられている．恒星同士や惑星と恒星が衝突する確率は低いと考えられるが，重力の効果が非常に複雑となるため太陽系が銀河系内の現在の位置に留まり続けるとは考えにくいのである．銀河の外部に放り出されたり，銀河中心（巨大ブラックホールがあると考えられている）に落ち込んだりするかもしれない．

人類が存続するためには，核戦争などを起こして自滅しない，地球環境を保って持続可能な社会を成立させる，ということが重要であるとともに，それ以外に太陽の終焉や銀河衝突をも克服し，最終的には宇宙の終焉を考えなければならない．

宇宙の終焉についてはさまざまな主張（モデル）が提案されている．「宇宙に終わりはない」という主張（定常宇宙論）や，「いったん終わるがまた始まる」という主張（ビッグバンと**ビッグクランチ**が周期的に来る，**振動宇宙**や**サイクリック宇宙**）がある．一方，「復活はない終焉（宇宙の熱的死，**ビッグリップ**＊）」という主張もある．

いかなる宇宙モデルもアインシュタインの一般相対性理論の解となっていなければならない．また一方で，宇宙の始まりのように極微の領域において生じる現象は量子力学に従わなければならない．ブラックホールのように，一般相対性理論を満たしながら量子力学的性質をもつ現象はすでに知られている．20世紀に相対性理論や量子力学が登場して，人類は宇宙の始まりや終わりについて科学的に考えることができるようになった．しかし，たった一つの答えにたどりついたとはいえない．21世紀にこそ我々の知性を広げる必要があるのである．

図 1.6　アンドロメダ銀河
我々の銀河（天の川銀河）から現在200万光年離れている．
［出典：NASA/JPL–Caltech］

＊ ビッグリップでは，宇宙が加速膨張し続けていくと，いつか膨張速度が光速を超えてしまう．力を伝える粒子の交換ができず基本的な力が作用しなくなり，物質を構成できなくなる状態に陥る．

Focus 1.5　SI接頭語

数値の指数部のべきに対して，表1.2に示す**SI接頭語**が用いられる．

表 1.2　SI接頭語

大きさ	10^{15}	10^{12}	10^{9}	10^{6}	10^{3}	10^{2}	10^{1}	
読み	ペタ	テラ	ギガ	メガ	キロ	ヘクト	デカ	
記号	P	T	G	M	k	h	da	$1\ (=10^{0})$
大きさ	10^{-15}	10^{-12}	10^{-9}	10^{-6}	10^{-3}	10^{-2}	10^{-1}	
読み	フェムト	ピコ	ナノ	マイクロ	ミリ	センチ	デシ	
記号	f	p	n	μ	m	c	d	

上の段が1より大きい数を，下の段が1より小さい数を表している．

参考文献

[1] S. Weinberg（著），小尾信彌（訳），宇宙創成　はじめの3分間（ちくま学芸文庫），筑摩書房（2008）

[2] 高エネルギー加速器研究機構ウェブページ：
https://www.kek.jp/ja/NewsRoom/Highlights/20111216160000/

[3] W. J. Kaufmann, Discovering the Universe, W. H. Freeman and Company (1987)

章末問題

1.1 次表を参照して，つぎの値を科学的表記法で表せ．ここで，$J=kg \cdot m^2/s^2$ を用いよ（第2章式(2.2)参照）．

ボルツマン定数	$k_B = 1.381 \times 10^{-23}$ J/K
宇宙背景放射温度	$T_0 = 2.726$ K
プランク定数	$h = 6.626 \times 10^{-34}$ J·s $(\hbar = h/2\pi = 1.055 \times 10^{-34}$ J·s$)$
真空中の光の速度	$c = 2.998 \times 10^8$ m/s
万有引力定数	$G = 6.674 \times 10^{-11}$ m³/(kg·s²)
電気素量	$e = 1.602 \times 10^{-19}$ C
真空の誘電率	$\varepsilon_0 = 8.854 \times 10^{-12}$ F/m $(=C^2/(J \cdot m))$
電子ボルトとジュールの換算係数	1.602×10^{-19} J/eV

(1) $k_B T_0$

(2) $\hbar c$

(3) $e^2/(4\pi\varepsilon_0 \hbar c)$

(4) $(G\hbar/c^3)^{1/2}$

(5) $(G\hbar/c^5)^{1/2}$

(6) $(\hbar c/G)^{1/2}$

1.2 つぎの空欄を埋めよ．ただし，真空中の光の速度を $c=3.00\times10^8$ m/s，1年を 3.15×10^7 s，1 au(天文単位)$=1.50\times10^{11}$ m とする．

(1) 138 億年＝138×10^{10} 年＝ 　　　　　 日＝ 　　　　　 時＝ 　　　　　 s

(2) 光は真空中を1年間に 　　　　　 m　進む．

(3) 1 光年＝ 　　　　　 m　（1年間に光が真空中を進む距離）

(4) 1 光分＝ 　　　　　 m　（1分間に光が真空中を進む距離）

(5) 1 au＝ 　　　　　 光分　（天文単位は地球と太陽間の平均距離）

第 2 章
地球とエネルギー
―エネルギー概念の導入―

ねらい

　本章では，太陽から地球に降り注ぐエネルギーについて考える．さらに単位変換を通じて，エネルギーなどについて考える際の基礎を身につける．

§ 2.1 仕事

　仕事の概念は太古の昔からあったようだ．**図2.1**はエジプトのピラミッド建造の想像図である．ピラミッドを形作る巨石は大勢の人々によって運ばれている．この作業に参加した人々には，仕事振りに見合った対価が支払われたようである．

　その仕事振りの評価は，どのようになされたら不平不満のない平等なものになるだろうか．巨石をたくさん運んだ人が評価されるのが自然であろう．そこで，どれくらい力を出してどれくらいの距離を運んだかによって評価すればよい．

　図2.2を見てみよう．水平方向に左から右へと物体を動かしている．移動を表す量を**変位**という．変位は向きと大きさをもつ．このように向きと大きさをもつ量を**ベクトル量**という．本書では，ベクトル量を文字の上に矢印をつけて$\vec{x}$のように表し，その大きさをxのように表す．**仕事** W を(力)×(変位)として，つぎのように定義する．

$$W = Fx \tag{2.1}$$

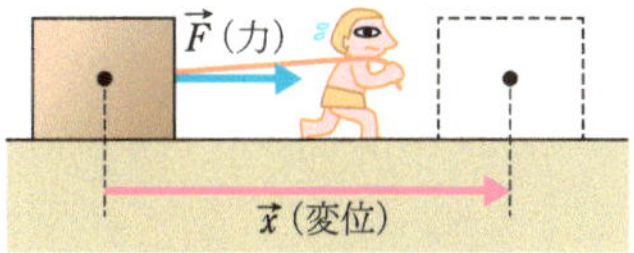

力の単位はニュートン（N）である．1 N は 1 kg の物体を 1 m/s^2 加速させるのに必要な力である．つまり，N＝kg·m/s^2 である．仕事の単位をジュール（J）といい，J＝N·m となる．

図2.1 ピラミッド建造の想像図

図2.2 仕事の定義

仕事 W は物体の変位（移動距離）x と必要な力の大きさ F の積で表される．

Focus 2.1 単位と次元

　力学や電磁気学といった物理学においては，時間 [T] と長さ [L]，質量 [M] と電流 [A] の4つを**次元**とよび，もっとも基本的な量として考える．それぞれに基本量として，1秒 (s)，1メートル (m)，1キログラム (kg)，1アンペア (A) が **SI 単位系**（**国際単位系**）として定められている．この4つの基本量をかけたりわったりしてできた単位を SI

組立単位といい，仕事の単位 J も

$$J = N \cdot m = kg \cdot m^2/s^2 \tag{2.2}$$

と定義される．

🔍 Focus 2.2 ベクトルの内積を使った仕事の定義

仕事に関係しているのは，外力 $\vec{F}$ の変位方向に沿った成分だけである．そこで**ベクトルの内積（スカラー積**ともいう）を使って，仕事をつぎのように定義する．

$$W = (F\cos\theta) \times (x) = \vec{F} \cdot \vec{x} \tag{2.3}$$

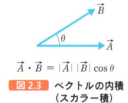

$\vec{A} \cdot \vec{B} = |\vec{A}||\vec{B}|\cos\theta$

図 2.3 ベクトルの内積（スカラー積）

📝 参考 2.3 ベクトルの内積

図 2.3 のように，ベクトル $\vec{A}$ と $\vec{B}$ の成分表示を

$$\vec{A} = A_x\vec{i} + A_y\vec{j} + A_z\vec{k}, \quad \vec{B} = B_x\vec{i} + B_y\vec{j} + B_z\vec{k} \tag{2.4}$$

とするとき，ベクトルの内積は

$$\vec{A} \cdot \vec{B} = A_xB_x + A_yB_y + A_zB_z \tag{2.5}$$

と定義される．ここで，$\vec{i}$, $\vec{j}$, $\vec{k}$ はそれぞれ x 軸，y 軸，z 軸の正方向を表す単位ベクトル（大きさが 1 で方向を表すベクトル）で，互いに直交している．

📈 発展 2.4 仕事の一般的な定義

式 (2.3) のように外力ベクトルと変位ベクトルとの内積をとると，仕事を求めることができる．そこで，物体の運動経路を細かく分けて（$d\vec{x}$ として），外力ベクトル $\vec{F}$ との内積をとれば，任意の経路 C に対して仕事をつぎのように求めることができる．

$$W = \int_C \vec{F} \cdot d\vec{x} \tag{2.6}$$

§ 2.2 エネルギー

エネルギーは仕事をなしうる能力と定義される．**表 2.1** のように，エネルギーにはさまざまな形態がある．それぞれのエネルギー形態は，

表2.1 さまざまなエネルギー形態とその例

エネルギー形態	説明
運動エネルギー	質量がある運動している物体がもつエネルギー
ポテンシャルエネルギー（位置エネルギー）	重力（万有引力），弾性力などがもつエネルギー
化学エネルギー	化学的結合力がもつエネルギー
原子力エネルギー（原子核エネルギー）	陽子や中性子間にはたらく核力がもつエネルギー
熱エネルギー	原子や分子を活性化するエネルギー
光エネルギー	光（光子）がもつエネルギー
電気エネルギー	静電気力がもつエネルギー
磁気エネルギー	静磁気力がもつエネルギー
音波エネルギー	流体を伝わる波動がもつエネルギー
静止質量エネルギー	質量がある物体自身がもつエネルギー
ダークエネルギー（真空のエネルギー）	宇宙を加速膨張させるエネルギー

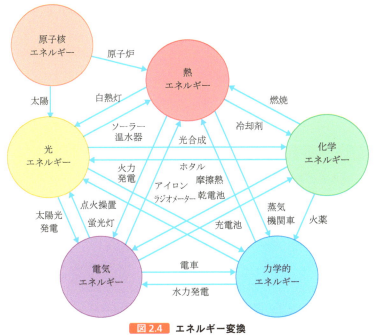

図2.4 エネルギー変換

エネルギー変換を介して，エネルギーはさまざまな形態をとることができる．力学的エネルギーとは運動エネルギーとポテンシャルエネルギーを合わせた総称である．
[視覚でとらえる フォトサイエンス 物理図録，数研出版（2007）を参考に作成]

図2.4 に示すようにエネルギー変換（装置）を介して行き来することができる．どのようなエネルギー形態に変わろうとも，全体のエネルギー総量は変わらない．このことを**エネルギー保存則**という．エネルギー保存則は人類が見出した自然法則の中でもっとも重要なものの1つであるといえる．

Focus 2.5 運動エネルギー

質量 m の物体が速度 v で運動しているとき，その物体がもつ**運動エ**

ネルギーは

$$K = \frac{1}{2}mv^2 \tag{2.7}$$

と表される.

例題 2.1 つぎの問いに答えよ.

(1) 質量 60.0 kg の人が時速 4.00 km/h で歩いている. この人がもつ運動エネルギーを求めよ.

(2) 質量 1200 kg の車が時速 50.0 km/h で走行している. この車がもつ運動エネルギーを求めよ.

解答

(1) 時速を秒速になおすと 1.11 m/s となる. よって 3.70×10^1 J となる.

(2) 時速を秒速になおすと 13.9 m/s となる. よって 1.16×10^5 J となる.

Focus 2.6 重力のポテンシャルエネルギー

高さ h にある質量 m の物体がもつ**ポテンシャルエネルギー（位置エネルギー）**は,

$$U_g = mgh \tag{2.8}$$

と表される. ここで, g は重力加速度を表し, $g = 9.80$ m/s² である.

例題 2.2 つぎの問いに答えよ.

(1) 質量 1.00 kg の物体が高さ 1.50 m にある. この物体がもつ重力のポテンシャルエネルギーを求めよ. ただし重力加速度は 9.80 m/s² とする.

(2) 質量 1.00 kg の物体が高さ 3776 m にある. この物体がもつ重力のポテンシャルエネルギーを求めよ. ただし重力加速度は 9.80 m/s² とする.

解答

(1) 1.47×10^1 J （＝14.7 J）

(2) 3.70×10^4 J

Focus 2.7 ばねのポテンシャルエネルギー

単位長さ伸び縮みさせるための力の大きさをばね定数 k [N/m] という．ばね定数 k をもつばねが x [m] 伸びている，もしくは縮んでいるとき，そのばねに蓄えられているポテンシャルエネルギーは，

$$U_s = \frac{1}{2} k x^2 \qquad (2.9)$$

と表される．

例題 2.3 つぎの問いに答えよ．

(1) ばね定数が 100 N/m のばねが 10.0 cm 伸びている．このばねに蓄えられているポテンシャルエネルギーを求めよ．
(2) ばね定数が 1000 N/m のばねが 1.00 m 伸びている．このばねに蓄えられているポテンシャルエネルギーを求めよ．

解答

(1) 5.00×10^{-1} J
(2) 5.00×10^2 J

発展 2.8 エネルギー保存則

ある系*が外部とエネルギーや物質のやり取りをしないとき，その系を**孤立系**という．孤立系に対して，つぎの**エネルギー保存則**が成り立つ．

時間が経過してエネルギー形態の構成比が変化しても，エネルギーの総量は変化しない．

このエネルギー保存則の破れは，現在まで一度も観測されたことがない．エネルギー保存則は，エネルギーの概念が時間の概念と密接に関係していることを示している．

*思考の対象を系（system）という．たとえば机の上の本について考えるとき，机と本が系である．系内のそれぞれの構成要素は，接触するなど何らかの有機的な関連性があることが望まれる．

§ 2.3 地球上のエネルギー循環

エネルギー保存則に従うと仮定すれば，我々の宇宙にあるエネルギーの総和は，宇宙の始まりのときにあった総エネルギー量に等しい．しかし地球は，太陽からの多くの光エネルギー（放射エネルギー）を受けていて，

表2.2 地球上のエネルギー流量

エネルギー源	エネルギー流量 (10^{20} kJ/年)
太陽から宇宙へ放射されるエネルギー	1.17×10^{11}
地球に入射するエネルギー	54.4
地球の気候や生物圏に影響するエネルギー	38.1
水の蒸発に使われるエネルギー	12.5
風力エネルギー	0.109
光合成に使われるエネルギー	0.0836
一次生産力に使われるエネルギー	0.0372

エネルギー流量は単位時間あたりのエネルギーの移行を表し,仕事率と等価である.

太陽から受けた放射エネルギーのうち約3割を宇宙空間に反射している.言い換えると,太陽の放射エネルギーの約7割を吸収して生命活動や社会活動に役立てている.

太陽から地球に入射するエネルギーは年間 54.4×10^{20} kJ($= 5.44 \times 10^{24}$ J),仕事率[*1]に換算すると 173 PW($= 1.73 \times 10^{17}$ W,ペタワットと読む)となる(表2.2)(章末問題2.1(1)参照).これがエネルギー問題を考えるうえでの基本量となる.地球の半径は $R_e = 6.378 \times 10^{6}$ m なので,地球を太陽から見て平面の円とした場合の断面積は $S = 1.278 \times 10^{14}$ m^2 となり,単位面積あたりに受ける仕事率は 1.35×10^{3} W/m^2 となる(章末問題2.1(2)参照).このうちの31%が宇宙に反射し,23%が大気や雲に吸収される.すると,地表に到達する単位面積あたりの仕事率は残り46%の 6.21×10^{2} W/m^2 となる(図2.5).これを1秒間あたり1 cm^2 あたりの熱量に換算すると[*2],1.48×10^{-2} cal/(s·cm^2) となる(章末問題2.1(3)参照).この仕事率は約1分あたり約1 cal に相当する.

地球の歴史が47億年であるとすると,これまで地球は太陽から約 2.6×10^{34} J(章末問題2.1(4)参照)のエネルギーを受け取ったことになる.もしこの太陽から受け取ったエネルギーのすべてが熱エネルギーに変換されていたとすると,地球は灼熱地獄となる.しかし地球は灼熱にはなっていない.これは熱エネルギー以外のエネルギー(たとえば光合成によって化学的結合エネルギー)に変換されて,物質や生命体内に蓄積されたからである.

恐竜などの古生物の死骸が化石燃料になり,これが現在石油や天然ガスになっている.そして我々はこの化石燃料を消費することによって文明を急激に発展させてきた.その消費量は近年になるほど増え続けており,大気の温暖化など環境破壊が進み,人類の存亡にかかわる問題にまで発展している.**内燃機関**の発達などの技術革命を幾度か経て,人類のエネルギーの消費は一気に増加した.

[*1] 単位時間あたりの仕事(エネルギー)で,エネルギーの移行を特徴づけする.単位は W(ワット)といい,

$$W = \frac{J}{s}$$

である.

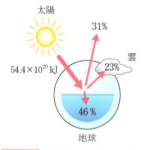

図2.5 地球のエネルギー収支

[*2] 熱の仕事当量 $J = 4.186$ J/cal を使った.詳しくは第11章参照.

2.5 再生可能エネルギー　17

§ 2.4　化石燃料

化石燃料の代表である**石油**は，炭化水素を主成分としてほかに少量の硫黄 S，酸素 O，窒素 N などの物質を含む液状の油で鉱物資源の一種である．地下の油田から採掘後，ガス，水分，異物などを大まかに除去した精製前のものを原油という．ガソリン，灯油などは原油から分留して生産される．分留とは，共沸[*1]しない混合物を，蒸発と凝縮を繰り返すことによりほぼ完全に単離・精製することである．

天然ガスは沸点が約 30 ℃ までのものであり，常温よりも沸点が低いためガスとして分離される（ 表 2.3 ）．主な成分は，メタン，エタン，プロパン，ブタン，ペンタンなどである．

*1 液体の混合物が沸騰する際に液相と気相が同じに組成となる現象.

表 2.3　飽和炭化水素（アルカン）の沸点

物質名	沸点〔℃〕
CH_4（メタン）	-161
C_2H_6（エタン）	-88
C_3H_8（プロパン）	-42
C_4H_{10}（ブタン）	-0.6

アルカンの一般式は C_nH_{2n+2} である.

ナフサ（粗製ガソリン）は沸点が 30〜200 ℃ 程度の炭化水素である．主成分は炭素数 $n=5$〜12 のアルカン（C_nH_{2n+2}）である．炭素数 $n=5$〜7 のナフサは軽質ナフサとよばれ，透明で蒸発しやすく溶媒やドライクリーニングの溶剤あるいはその他の速乾性の製品に用いられる．炭素数が $n=6$〜12 のナフサは重質ナフサとよばれ，水素化精製，接触改質などを経てから配合調整されガソリンとして精製される．ベンジンやホワイトガソリンはナフサから作られる石油製品である．ガソリンには，鎖状炭化水素であるパラフィン系（C_nH_{2n+2}）（約 50 %）と環状炭化水素であるナフテン系（C_nH_{2n}）（約 50 %）があり，ともに炭素 C の不対電子は水素 H で飽和している．ガソリンの燃焼の例としてオクタン（C_8H_{18}）の燃焼反応は

$$C_8H_{18} + \frac{25}{2}O_2 \longrightarrow 8CO_2 + 9H_2O + 5500 \text{ kJ/mol} \quad (2.10)$$

となる[*2].

*2 mol（モル）は物質量を表す SI 基本単位である．炭素の同位体 ^{12}C 12 g 中に含まれる物質量を 1 mol として定義する．1 mol の物質の中にはアボガドロ定数 $N_A = 6.02 \times 10^{23}$（個/mol）の原子や分子が含まれている．このため，5500 kJ/mol は 1 粒子あたり 57.1 eV となる（章末問題 2.1(5)参照）.

§ 2.5　再生可能エネルギー

現在使われているエネルギー資源はあと 100 年くらいで枯渇してしまう（**エネルギー資源枯渇問題**）．では，どうすれば我々は社会を維持発展させていくことができるのだろうか．その解決策の 1 つとして期待されているのが**再生可能エネルギー**である．再生可能エネルギーとは，自然界から定

常的（恒常的，反復的）にもたらされるエネルギーであり，具体的には太陽光，風力，波力，潮力，流水，潮汐，地熱，バイオマスなどがある．水力発電は別扱いされることが多い．対義語としては**枯渇性エネルギー**，つまり**化石燃料**（石油，石炭，天然ガス，オイルサンド，シェールガス，メタンハイドレードなど）やウランなどの**地下資源**である．再生可能エネルギーはさらに細かく分類され，その1つである**循環型再生可能エネルギー**は，熱力学第2法則により完全な再生化は不可能である（熱力学第2法則については第11章および第12章で説明する）．再生可能エネルギーの具体例をつぎにいくつか挙げる．

❶ 太陽光発電

太陽光発電は光電効果（第8章で説明する）によって太陽の光から電力を得る．地球に照射される太陽光エネルギーは約 173 PW（1.73×10^{17} W）である．このうち人類が地上で利用できるのは約 1 PW であると考えられている．これは 2008 年に地球で使われたエネルギー総量の約 70 倍程度である．もしゴビ砂漠全体に太陽光発電のパネルを敷くことができたら，すべてのエネルギーをまかなえることになる．2016 年の世界全体の発電量は約 75 GW（$= 7.5 \times 10^{10}$ W）となっており，近年急速に増加している．日本の投資額は 2014 年約 4 兆円で世界第 3 位となっている（第 1 位はドイツ，第 2 位は中国）．図 2.6 のように太陽光発電所も増えてきている．

図 2.6　米倉山太陽光発電所（山梨県甲府市）
[出典：Sakaori/Wikimedia Commons]

❷ 風力発電

風力発電は風の力で風車を回し電磁誘導により発電するもので，最近の EU の調査では火力発電より低コストで発電できるといわれている．2014 年の世界全体の発電量は 336 GW（$= 3.36 \times 10^{11}$ W）まで急激に伸びている．表 2.2 に示すように，風力エネルギーによる地球上のエネルギー流量は 0.109×10^{20} kJ/年（$= 3.46 \times 10^{15}$ W）であるから，風力発電はこのうちの約 0.01 ％を捕らえている．これは世界の電気エネルギー需要の約 4 ％に相当する．日本での発電量は多くないが，発電所は増設されている（図 2.7）．

図 2.7　西ノ浜風力発電（愛知県田原市）
[出典：渥美半島観光ビューロー]

❸ 地熱発電

地熱発電は地熱により温められた水蒸気によりタービンを回して発電する．二酸化炭素排出量は火力発電と比べると少ない．日本では大分県にある八丁原地熱発電所（図 2.8）が代表的である．2005 年の世界全体の地熱発電量は 8878.5 MW（$= 8.88 \times 10^{9}$ W）で，原子力発電所 8 基分の電力に相当する．

図 2.8　八丁原地熱発電所（大分県玖珠郡）
[出典：九州電力ホームページ]

❹ バイオマス発電

バイオマス発電は，木くずや生ゴミを燃した熱を利用して発電する．バイオマスとは，生物（bio-）と質量（mass）の造語である．生命体は炭素を含むので，その死骸や生成物を燃料とすることができる．薪や炭以外にバイオエタノールやバイオディーゼルといったバイオ燃料があり発電できる（図2.9）．IEA（International Energy Agency，国際エネルギー機関）によれば，バイオマスによる発電量は世界で2035年までに244 GW（$=2.44\times 10^{11}$ W）まで増加する見込みである．

図2.9 バイオマス発電所（神奈川県川崎市）
[出典：川崎バイオマス発電株式会社]

§ 2.6 エネルギー消費と環境問題

図2.4に示すように，光エネルギーから電気エネルギー，電気エネルギーから力学的エネルギーといったように，エネルギーは変換され形態を変えていく．しかしそれぞれのエネルギー変換の過程において，**熱力学第2法則**によって100 %の変換は不可能である（第11章および第12章参照）．変換のたびに利用できなかったエネルギーは排熱として外部に捨てられ，たとえば二酸化炭素のような**温室効果ガス**が蓄積されて，**地球の温暖化**をもたらしてしまう．また外部からのエネルギー供給が断たれた場合，たちどころに文明活動が停止してしまう．

新たな外部エネルギー源を獲得するために，我々人類は物理学を始めとする科学を正しく理解し続けることが大切なのである．

参考文献
[1] T. G. Spiro, W. M. Stigliani（著），岩田元彦，竹下英一（訳），地球環境の化学，学会出版センター（2000）

章末問題

2.1 本文中に出てくるつぎの単位変換を，具体的に式を立てて確認せよ．

(1) 年間 54.4×10^{20} kJ $=173$ PW.
(2) 地球の半径が $R_e=6.378\times 10^6$ m であるとき，単位断面積あたりに受ける仕事率は 1.35×10^3 W/m² である．
(3) 地球の表面に到達する太陽光からの仕事率 6.21×10^2 W/m² を 1 秒間あたり 1 cm² あたりの熱量に換算すると，1.48×10^{-2} cal/(s·cm²) である．
(4) 地球が1年間に太陽から受け取るエネルギーは 54.4×10^{20} kJ/年である．地球がこれまでの47億年の間に太陽から受け取ったエネルギーの総量は約 2.6×10^{34} J である．
(5) オクタンの反応熱 5500 kJ/mol は 1 粒子あたり 57.1 eV に相当する．ただし，1 eV $=1.60\times 10^{-19}$ J，アボガドロ定数 $N_A=6.02\times 10^{23}$ 個/mol を用いよ．

第3章 自動車の物理学
― 運動量と摩擦力 ―

ねらい
本章では，実際に交通事故解析で使われている手法を題材として，運動量と摩擦力について学ぶ．

§ 3.1 交通事故見分の実際

ここでは，『交通事故解析の基礎と応用』[1]を参照して，交通事故解析の実際を見ることにする．交通事故はつぎのような流れで発生する．走行している車両の運転者が危険を認知し，事故を回避するためにブレーキやハンドルを操作する．そして，回避できずに衝突し，停止して終わる．交通事故解析とは，これらの一連の過程を科学的に追っていくことである．

事故発生直後に警察官はこの一連の流れを考慮して事故の見分を行う．基本として，危険認知した位置，衝突回避行動の有無および位置，衝突地点，衝突角度および飛び出し角度の特定を行う．これらを特定するために特に重要なのが路面に残ったタイヤ痕である．タイヤ痕および車両や道路の破損状況から車両の挙動を特定していく．

例として 図3.1 のように車Aの左側面に車Bが衝突した事故の記録を見てみよう．警察官は路面に残されたタイヤ痕をさまざまな角度から観察して記録していく．つぎに，各車両の停止位置および姿勢を記録する．これらのデータから各車両の挙動を特定し，衝突後の飛び出し角度を求めていく．その際重要になってくるのが各車両の**重心の位置**である．それは自動車のカタログに載っている値などから求めることができる．

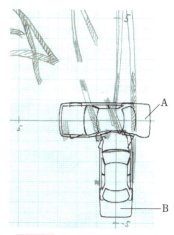

図3.1 タイヤ痕跡上の車両と衝突角度
[出典：交通事故解析の基礎と応用，東京法令出版（2009）]

Focus 3.1 力学分野の構成

図3.2 を見てみよう．力学とよばれる分野は，物体の位置・速度・加速度について考える運動学と力学に大別される．この2つの違いは，運動学は運動（状態の変化）の原因については考えないが，力学は運動変化の原因として力を考える点にある．力学はさらに，動く物体について考える動力学と，ダムや橋といった動かない物体について考える静力学に分かれる．他にも流体力学などがあるが，それについては第5章で説明する．

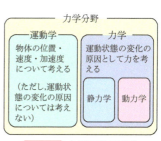

図3.2 力学分野の構成

§ 3.2 重心の求め方

車両の位置を与える重心位置は力学的挙動を理解するうえで極めて重要となる．前輪軸から重心までの距離を L_f, 後輪軸から重心までの距離を L_r とすると，図3.3 の関係から*

$$\begin{cases} L = L_f + L_r \\ W = W_f + W_r \end{cases} \quad (3.1)$$

*第4章参照．

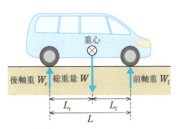

図 3.3 車両の重心位置の求め方

が得られる．ここで W, W_f, W_r はそれぞれ総重量，前軸重，後軸重である．てこの原理から*

$$L_f W_f = L_r W_r \quad (3.2)$$

が成り立つ．式(3.2)に $L_r = L - L_f$ を代入すると，前輪軸からの重心点までの距離 $L_f = \dfrac{LW_r}{W}$ が得られる．同様にして，式(3.2)に $L_f = L - L_r$ を代入すると，後輪軸からの重心点までの距離 $L_r = \dfrac{LW_f}{W}$ が得られる．

§ 3.3 慣性の法則

交通事故の解析は，飛び出し角度や重心位置の基礎データ以外に事故発生時の路面状態，目撃者証言や負傷者の状況などを考慮して行われる．交通事故解析に必要な知識は，大学初年程度の物理学[2,3]の知識があれば十分である．たとえば衝突時，運転者がどちらの方向に力を受けるか，受けた結果車両の外側に飛び出すかといったことは**慣性の法則**から特定できる．

図3.1では車Aは左後方から衝突されるが，車Aの運転者は慣性の法則に従って直進しようとするので車A内で右側に倒れる．しかし，座席に固定されていない頭部はその場にあり続けるため，首が左側に傾き頸部の鞭打ちといった傷害を受ける可能性がある．車Bの運転者は慣性の法則に従って直進しようとするが，衝突の衝撃により車B自身は急ブレーキをかけられたのと同様の状態となり運転者はフロントガラスを突き破って車外に投げ出される可能性がある．いずれにしてもシートベルトの正しい装着が重要である．

Focus 3.2 慣性の法則（運動量の定義）

静止している物体は静止し続け，動いている物体は**等速直線運動**し続けようとする．このことを**慣性の法則**という．物理学者ガリレオ・ガリレイが16世紀に斜面上で球を転がすことによって発見した．「停

まっている」「動いている」という運動状態は速度ベクトル $\vec{v}=(v_x, v_y, v_z)$ で表される．また，質量が大きければ大きいほど，静止している物体は静止し続け，等速直線運動している物体は等速直線運動し続けようとする性質が強くなる．この性質を強調して質量 m を**慣性質量**ということがある．速度ベクトル $\vec{v}$ に m をかけあわせた量を考えると，それは等速直線運動を維持し続けようとする性質，つまり慣性の法則を特徴づける物理量となる．これが**運動量** $\vec{p}$ である．運動量をつぎのように定義する．

$$\vec{p} = m\vec{v} \tag{3.3}$$

§ 3.4 制動初速度の算定

つぎに解析の一例として，タイヤ痕の長さ（停止距離）からのブレーキをかける直前の速度（**制動初速度**）を算定してみよう．**図 3.4** に示すように，路面（水平）を走行速度 v で走行している質量 m の自動車が，急ブレーキをかけて距離 S [m] 進んで停車した場合を考え，急ブレーキをかけたときの速度（制動初速度）v を求める．

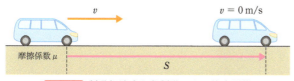

図 3.4 制動初速度と急制動による停止距離
ブレーキをかけることによりタイヤがロック（固定）されると，タイヤは路面上をすべり出し，タイヤには動摩擦力がはたらく．
[交通事故解析の基礎と応用，東京法令出版 (2009) を参考に作成]

自動車の重量を W [N]（$=mg$）とすると，動摩擦力の大きさは $f_k = \mu_k N = \mu_k mg$ と表される．ここで μ_k は動摩擦係数，N は垂直抗力の大きさ，g は重力加速度の大きさ $g=9.80$ m/s^2 である．摩擦力によってなされる仕事の大きさ W_S は，(力)×(距離) で表されるから

$$W_S = \mu_k mgS \tag{3.4}$$

となる．

一方，自動車の運動エネルギー K は

$$K = \frac{1}{2}mv^2 \tag{3.5}$$

である．この運動エネルギー K は摩擦力がした仕事 W_S に変換され，最終的には熱や音といったエネルギー形態に変換される．よって

$$\frac{1}{2}mv^2 = \mu_k mgS \tag{3.6}$$

の関係式が得られる．すると，制動初速度vは

$$v = \sqrt{2\mu_k gS} \ [\mathrm{m/s}] \tag{3.7}$$

となる．ただし，式(3.7)は秒速であるから時速に変換すると

$$v = \sqrt{2\mu_k gS}\left[\frac{\mathrm{m}}{\mathrm{s}}\right] \times \frac{3600\left[\frac{\mathrm{s}}{\mathrm{h}}\right]}{1000\left[\frac{\mathrm{m}}{\mathrm{km}}\right]}$$

$$= 3.6 \times \sqrt{2\mu_k gS}\left[\frac{\mathrm{km}}{\mathrm{h}}\right] \tag{3.8}$$

となる．式(3.8)はタイヤ痕の長さを測定して制動初速度を求める重要な公式となる．ここで重要となるのが，タイヤと路面との動摩擦係数μ_kであるが，おおよその値は 表3.1 のように知られている．

つぎの例題のように，タイヤ痕の長さからブレーキをかける直前の速度（制動初速度）を見積もることができる．

表3.1 乗用車タイヤの路面における動摩擦係数

ABS装置*の有無	路面の状態	動摩擦係数
なし	乾燥	0.7〜0.75
	湿潤	0.2〜0.60
あり	乾燥	0.85〜0.9
	湿潤	0.25〜0.65

［出典：交通事故解析の基礎と応用，東京法令出版（2009）］

*ABSとは，アンチロック・ブレーキ・システム（Anti-lock Brake System）の略称である．ABS装置は，急ブレーキをかけたときタイヤがロック（回転が止まること）するのを防ぐことにより，ハンドル操作で障害物を回避できる可能性を高める装置である．

例題3.1 法定速度30 km/hの道路に何メートルのタイヤ痕があったら法定速度違反であったとみなせるかを見積もれ．ただし，タイヤと路面との間の摩擦係数を0.70とせよ．

解答

式(3.8)より

$$3.6 \times \sqrt{2\mu_k gS} \geq 30$$

を満たす距離Sを求めればよいから，

$$S \geq \left(\frac{30}{3.6}\right)^2 \times \frac{1}{2\mu_k g} = 5.1 \ \mathrm{m}$$

となる．

これは，見方を変えれば，時速30 kmでもフルブレーキをかけても停止するのに5 m以上かかるということである．つまり周囲の人や物との距離が5 m以上離れていないと，安全性は確保できないということになる．

Focus 3.3 摩擦力

運動をさまたげる力を**抗力**という．抗力は大きく分けて2つある．物体同士の接触による**摩擦力**と流体の粘性による**抵抗力**である．抗力は運動をさまたげるのでつねに運動方向の反対にはたらく（ 図3.5 ）．摩擦の原因は接触面におけるほんの数点の凹凸がかみ合って生じてい

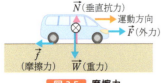

図3.5 摩擦力

ることがわかっている．このため摩擦力の大きさは接触面積に依存しない（**摩擦力に対するクーロンの法則**）．

図3.6 に示すように，摩擦力には**静止摩擦力**，**最大静止摩擦力**，**動摩擦力**の3つがある．物体に加える力を徐々に大きくしていったとき，静止摩擦力は，外力とつり合う大きさをもつため，物体は動かない．そして接触面でかみ合っている凹凸が破壊される（降伏するという）直前が最大静止摩擦力となる．その大きさは経験的に $f_{s,max}=\mu_s N$ となる．ここで μ_s は静止摩擦係数とよばれる無次元量＊，N は垂直抗力の大きさである．かみ合った凹凸が降伏すると，外力が物体を引きずるようになり物体は動き出す．このときはたらく抵抗力が動摩擦力である．その大きさは経験的に $f_k=\mu_k N$ となる．

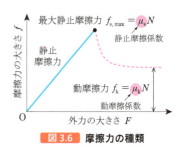

図3.6 摩擦力の種類

＊質量 [M]，長さ [L]，時間 [T] のいずれの次元ももたない量．

Focus 3.4 ニュートンの運動の法則

慣性の法則は，**ニュートンの運動の3法則**の1つであり，第1法則ともよばれる．慣性の法則とは，物体の運動をさまたげる摩擦力などがなければ，物体は等速直線運動をし続けるというものである．等速直線運動，すなわち速度ベクトル $\vec{v}$ が一定であるとは，運動量 $\vec{p}$ が一定で保存されるということである．つまり，「運動量が保存されることが1番の基本法則である」ということがニュートンのいいたかったことである．

ちなみに，第2法則は「物体に生じる加速度 $\vec{a}$ は，物体にはたらく正味の外力 $\vec{F}$ に正比例し，物体の質量 m に反比例する」であり，式で書くと

$$\vec{a}=\frac{\vec{F}}{m}$$

すなわち

$$m\vec{a}=\vec{F} \tag{3.9}$$

となる．これを**運動方程式**ともよぶ．また，式(3.9)を加速度を速度の時間微分で表し，

$$m\frac{d\vec{v}}{dt}=\vec{F}$$

さらに運動量の定義（$\vec{p}=m\vec{v}$）を用いると，

$$\frac{d\vec{p}}{dt}=\vec{F} \tag{3.10}$$

となる．外力と運動量の時間変化は等しく，外力が運動状態の変化の原因であるということがわかる．つまり，正味の外力 $\vec{F}$ がなければ運動量は保存されるということである．

参考 3.5 撃力近似と摩擦力

　外力がない状況以外に，外力が短時間だけはたらく強い力（このような力を**撃力**という）であるときにも運動量は保存される．このため衝突や爆発といった現象では，**撃力近似**が成り立つ．衝突過程である交通事故では運動量保存則がその解析の基本となる．

　車が動き出したり，停まったり，曲がったりすることができるのは路面とタイヤの間に**静止摩擦力**がはたらくためである．摩擦力は接触する物体同士の表面の状態に依存する．路面の状態（濡れているか，乾いているか，砂や油や水があるかないか）やタイヤの溝の深さなどが摩擦力に影響する．

　急ブレーキによるスリップやドリフト走行のときには，**動摩擦力**がはたらくことになる．動摩擦力 $f_k = \mu_k N$ は一般に最大静止摩擦力 $f_{s,max} = \mu_s N$ より小さいので，制動力が弱まる．

参考文献

[1] 山崎俊一（著），交通事故解析の基礎と応用，東京法令出版（2009）
[2] 藤城武彦，北林照幸（著），高校と大学をつなぐ穴埋め式力学，講談社（2009）
[3] R. A. Serway（著），松村博之（訳），科学者と技術者のための物理学（1a），学術図書出版社（1995）

章末問題

3.1 質量 1300 kg の乗用車が時速 50 km で走行している．この乗用車がもつ運動量を求めよ．

3.2 赤信号で停車していた質量 $M = 2.0 \times 10^3$ kg のトラックの後ろから，質量 $m = 1.0 \times 10^3$ kg の乗用車が追突した．乗用車は，衝突後トラックにめり込み一体となった．衝突前の乗用車の速度が $v = 15$ m/s であるとき，衝突後の一体となった車の速度 V を求めよ．

3.3 粗い水平面上に置かれた質量 $m = 5.0$ kg の物体が $F = 50$ N の力で水平方向に引かれている．このときの垂直抗力の大きさ N を求めよ．ただし重力加速度は $g = 9.8$ m/s^2 とせよ．

3.4 問題 3.3 の状況で動摩擦係数を $\mu_k = 0.50$ として，物体に生じる加速度 a を求めよ．

3.5 高速道路の制限速度は時速 100 km である．動摩擦係数を $\mu_k = 0.70$ として路面に何メートルのタイヤ痕があったら法定速度違反であったと見なせるかを見積もれ．ただし重力加速度は $g = 9.8$ m/s^2 とせよ．

第 4 章
転倒の物理学
― 力のモーメント ―

ねらい
　本章では，家具やクレーンが倒れるメカニズムを題材として，力のモーメント（トルク）について学ぶ．

§ 4.1　家具の転倒

　日本は地震大国である．東京消防庁の調べでは，図 4.1 のように近年の地震による負傷者の 30 %～50 % が家具の転倒・落下が原因であった（ただし 2011 年の東日本大震災を除く）．

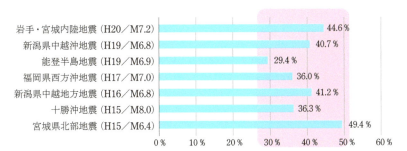

図 4.1　地震による負傷における家具の転倒・落下が原因の割合
　H は平成，M はマグニチュード（地震のもつエネルギー）を表す．
［東京消防庁　家具類の転倒・落下・移動防止対策ハンドブック（平成 27 年版）を参考に作成］

・周囲の人，物への重大な被害
・避難通路の障害
・火気器具に転倒することによる
　火災発生
　　　　　(a) 転倒

・周囲の人，物への重大な被害
・避難通路の障害
・火気器具上への落下による
　火災発生
　　　　　(b) 落下

図 4.2　地震による家具の挙動と被害傾向
［東京消防庁　家具類の転倒・落下・移動防止対策ハンドブック（平成 27 年版）を参考に作成］

　東京都防災会議による首都直下地震での被害想定（平成 24 年 4 月）では，東京湾北部を震源とした M7.3 の地震が冬の 18 時に発生した場合，都内全域で家具の転倒・落下によって約 254 名が死亡し，約 6211 人が負傷（このうち 1347 名が重傷）すると想定されている．

　図 4.2 は地震による家具の挙動と被害傾向である．家具の転倒によって直接頭部などを負傷するだけでなく，避難経路を塞ぐことや，火気器具への転倒・落下による火災発生など，さまざまな危険性が想定されている．

§ 4.2　クレーンの転倒事故

　工事現場などでのクレーン転倒事故は毎年発生している．国土交通省の

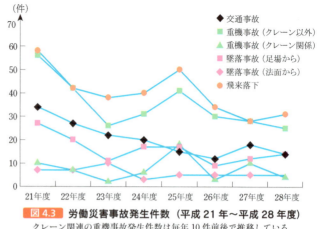

図 4.3 労働災害事故発生件数（平成21年〜平成28年度）
クレーン関連の重機事故発生件数は毎年10件前後で推移している．
[出典：国土交通省　安全啓発リーフレット（平成29年度版）]

調べでは，平成21年度〜平成28年度にクレーン関係の重機事故の発生件数は年間5件前後，死傷者は年間5名前後となっている（図 4.3）．転倒の原因は，設置場所の地盤が弱くなっていたり，クレーン車を安定させるためのアウトリガという装置を設置するための空間がとれなくなっていたりなどさまざまである．アウトリガが設置されていないと，転倒に逆らう力（反力）が得られずバランスを崩して転倒してしまうことがある．

家具の転倒もクレーンの転倒も同じ力学的メカニズムで発生する．そこで，そのメカニズムを理解するために，てこの原理，力のモーメント，転倒モーメント*の順で考えていく．

*物理学用語ではないが，技術論文などで用いられる用語．物体を転倒させようとする力のモーメントのこと．

§ 4.3 てこの原理

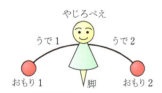

図 4.4 やじろべえ
両うでに取り付けられたおもりにはたらく力（重力）によってバランスをとり自立する．

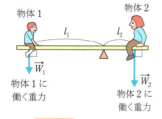

図 4.5 てこの原理
（うでの長さ×重力の大きさ）の値が左右で同じときバランスがとれる．

子供の頃，やじろべえというおもちゃで遊んだ経験がないだろうか．図 4.4 のように一本脚で両うでにおもりをつけた昔ながらのおもちゃである．このやじろべえの脚を手のひらや指先にのせるとバランスがとれて自立する．この自立は，うで1についたおもり1がやじろべえを我々から見て左回りに回そうとする効果と，うで2についたおもり2がやじろべえを我々から見て右回りに回そうとする効果とが等しく打ち消しあうときに実現する．

やじろべえのバランスをとるための条件は，図 4.5 で定義したうでの長さ l と重力の大きさ W を使って

$$l_1 W_1 = l_2 W_2 \tag{4.1}$$

と表すことができる．これが**てこの原理（てこのつり合いの原理）**である．それぞれの物体にはたらく重力の大きさ W_1, W_2 は，それぞれの物体の質量を m_1, m_2，重力加速度の大きさを g とすると，$W_1 = m_1 g$, $W_2 = m_2 g$

となるので，式(4.1)はつぎとなる．

$$l_1 m_1 = l_2 m_2 \tag{4.2}$$

例題 4.1 図4.6 のように大人と子どもがシーソー遊びをしている．子どもの体重が 20 kg，大人の体重が 60 kg である．子どもが支点から 2.0 m のところに座っている．このとき大人は支点の反対側何 m のところに座れば，シーソーはつり合い状態になるかを求めよ．

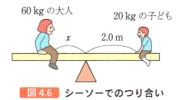

図4.6 シーソーでのつり合い

解答
式(4.2)より

$$x \times 60 \text{ kg} = 2.0 \text{ m} \times 20 \text{ kg}$$

$$x = \frac{2.0 \text{ m} \times 20 \text{ kg}}{60 \text{ kg}}$$

$$= 0.6666666\cdots$$

$$\fallingdotseq 0.67 \text{ m}$$

§ 4.4 力のモーメント

つり合いの条件(4.2)は 図4.7 のような半径 r_1, r_2 をもつ輪軸にも応用できる．

$$m_1 r_1 = m_2 r_2 \tag{4.3}$$

がつり合いの条件となる．このとき輪軸は静止（または等速回転）する．$m_1 r_1 > m_2 r_2$ なら左回り，$m_1 r_1 < m_2 r_2$ なら右回りに（加速）回転する．この回転は加速度（角加速度）をもつ回転となる．つまり回転速度（角速度）が徐々に大きくなる．このように力（この場合は重力）が角加速度をもたらすはたらきを**力のモーメント**という．

図4.8 のように，半径 $\vec{r}$ の円周に半径方向（動径方向）と角度 ϕ をなす外力 $\vec{F}$ がはたらくとすると，力のモーメント $\vec{\tau}$ の大きさは

$$\tau = rF\sin\phi \tag{4.4}$$

と定義される．これは

$$\tau = (\text{うでの長さ}) \times (\text{うでに垂直な力の大きさ})$$

であるので，つり合いの条件式(4.1)の両辺と同じ単位（次元）の量となっている．**ベクトルの外積**（参考 4.1 参照）を使えば，式(4.4)は

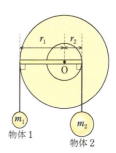

図4.7 輪軸

回転軸を共有した半径の異なる二重滑車にそれぞれ軽くて伸び縮みしないひもをかけまわし，一端を輪の外周に，他端をおもりにつけたものを輪軸という．

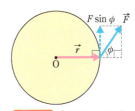

図4.8 力のモーメント

半径 r の回転面に平行な外力がはたらくと，回転速度を変化させる力のモーメントがはたらく．

$$\vec{\tau} = \vec{r} \times \vec{F} \qquad (4.5)$$

と表すことができる．力のモーメントは**トルク**ともよばれる．

図 4.9 (a) では外径 $\vec{r_1}$ に張力 $\vec{T_1}$ のひもが左側に巻きつけられているので輪軸は左回りに回ろうとする．このときトルク $\vec{\tau_1}$ は紙面に対して裏から表への向きになる．また，(b) では内径 $\vec{r_2}$ に張力 $\vec{T_2}$ のひもが右側に巻きつけられているので輪軸は右回りに回ろうとする．このときトルク $\vec{\tau_2}$ は紙面に対して表から裏への向きになる．そして (c) のように回転軸が受ける正味の*トルク $\vec{\tau}$ は $\vec{\tau} = \vec{\tau_1} + \vec{\tau_2}$ であり，$\vec{\tau_1}$ のほうが大きければ左回りの加速回転，$|\vec{\tau}| = 0$ なら静止（または等速回転），$\vec{\tau_2}$ のほうが大きければ右回りの加速回転となる．つまり，正味のトルクが輪軸の回転運動の状態（状況）を決定することになる．

＊正の量と負の量がある場合，その合計をとることによって得られる値．

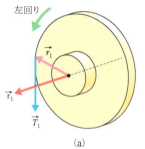

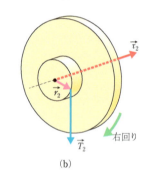

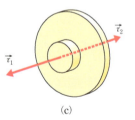

図 4.9 複数の力がはたらいている場合のトルク
(a) 左回りさせようとするトルク $\vec{\tau_1}$．
(b) 右回りさせようとするトルク $\vec{\tau_2}$．
(c) 回転軸が受ける正味のトルク $\vec{\tau} = \vec{\tau_1} + \vec{\tau_2}$．

例題 4.2 図 4.9 において半径が $r_1 = 50$ cm，$r_2 = 10$ cm，張力が $T_1 = 1.0$ N であったとき，張力 $\vec{T_2}$ の大きさをどれくらいにすれば，トルクがつり合うかを求めよ．

解答 つり合いの条件は

（左回りさせようとするトルク）＝（右回りさせようとするトルク）

である．つまり

$$r_1 T_1 = r_2 T_2$$

を満たせばよい．よって

$$0.50 \text{ m} \times 1.0 \text{ N} = 0.10 \text{ m} \times x$$

$$x = \frac{0.50 \text{ m} \times 1.0 \text{ N}}{0.10 \text{ m}}$$

$$= 5.0 \text{ N}$$

となる．

参考 4.1 ベクトルの外積

図 4.10 のように，ベクトル $\vec{A} = (A_x, A_y, A_z)$ とベクトル $\vec{B} = (B_x, B_y, B_z)$ がなす角 θ で始点を合わせて交わっていたとすると，ベクトル $\vec{A}$ とベクトル $\vec{B}$ の**外積**はつぎのように表される．

$$\vec{C} = \vec{A} \times \vec{B} \qquad (4.6)$$

ここで，×は外積を表す記号でクロスと読む．ベクトルの外積 $\vec{C}$ はつぎのように定義される．

外積 $\vec{C}$ の向きは，ベクトル $\vec{A}$ からベクトル $\vec{B}$ へ右ねじを回すときの，ねじが進む方向であり，大きさはベクトル $\vec{A}$ とベクトル $\vec{B}$ を2辺とする平行四辺形の面積

$$C = AB\sin\theta = |\vec{A}||\vec{B}|\sin\theta \tag{4.7}$$

に等しい．

また，外積 $\vec{C}$ をベクトル $\vec{A}$ とベクトル $\vec{B}$ の成分で表すと，つぎのようになる．

$$\vec{C} = \vec{A}\times\vec{B} = \vec{i}(A_yB_z - A_zB_y) + \vec{j}(A_zB_x - A_xB_z) + \vec{k}(A_xB_y - A_yB_x) \tag{4.8}$$

ここで，$\vec{i}, \vec{j}, \vec{k}$ はそれぞれ x 軸の正方向，y 軸の正方向，z 軸の正方向を表す単位ベクトル（大きさが1で方向を表すベクトル）である．2つのベクトルからそれらと直交する新たなベクトルを生み出すので，**ベクトル積**ともよばれる．

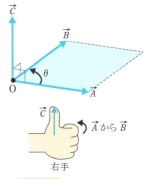

図 4.10 ベクトルの外積

参考 4.2 モーメントアーム

図 4.11 のように，伸ばした外力の作用線と回転中心 O から下した垂線の足の長さ d を**モーメントアーム**という．このとき，力のモーメントの大きさは $\tau = Fd$ となる．

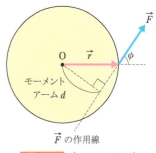

図 4.11 力のモーメント

§ 4.5 家具の転倒条件

さてここまでの議論から正味のトルクがあるときには，静止していた物体が回転し始めることがわかる．話をもとに戻して，家具の転倒が生じる条件，クレーンの転倒が生じる条件について考える．本棚やタンスといった立方体の形状をもつ家具を例にとって考えよう．地震という外力が家具のどの部分に作用するのだろうか．この問いの答えは，「重力は家具のどこに作用するのだろうか」という問いの答えと本質的に同じである．重力は物質を構成する原子や分子のすべてに作用するが，その総和は重心（質量中心）の位置*にはたらくと考えてよい．このため重心点を鉛直上向きに支えれば，やじろべえの場合と同様に自立した平衡状態（つり合いのとれた状態）となる．つまり外部からの力（外力）の作用点は，重心点 G と

---

*重心（質量中心）の位置にその物体のすべての質量が集中した点状の物体を考えることができ，それを**質点**（mass point）という．

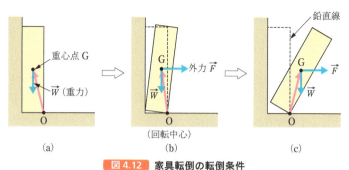

図 4.12 家具転倒の転倒条件
(a) 外力がはたらいていないとき．
(b) 小さい外力がはたらき傾いた状態．
(c) 外力が大きいため，大きく傾き転倒状態になっている．

なると考えればよい（図 4.12）．

地震による外力の水平成分 $\vec{F}$ が重心点 G に作用して家具の前面下の支点 O を回転中心としたトルクが生じる．その結果，支点 O まわりに回転して傾く．そして重心点 G が回転中心 O を通る鉛直線を越えると，さらに重力によるトルクも加わり，もとの状態には戻れず，家具は転倒してしまう．

§ 4.6 クレーンの転倒条件

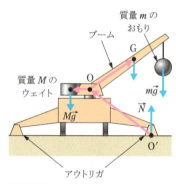

図 4.13 移動式クレーン車にはたらくトルク

クレーンの転倒も家具の転倒と同じ原理で発生する．図 4.13 は移動式クレーンの模式図である．クレーンが現場に到着するとアウトリガとよばれる支持装置を左右になるべく大きく張り出し車体を水平に支持する．このときアウトリガを十分に広げる空間がなかったり着地点の地盤が軟弱であったりすると，クレーンを倒そうとするトルクに対抗できずクレーンが転倒してしまう．

図 4.13 のようにブームとよばれるクレーン装置の腕の先端にかけまわされたワイヤにおもりがつり下げられている状態では，このおもりの荷重 $\vec{mg}$ によるトルクがクレーンを右回りに回転させようとする．またブーム自身の自重によってもクレーンを右回りに回転させようとする．しかしアウトリガにかかる地盤からの垂直抗力（反力）$\vec{N}$ によるトルクがクレーンを左回りに回そうとする．さらにブームの本体側に配置された質量 M のウエイトにはたらく重力 $\vec{Mg}$ によるトルクによってクレーンを左回りに回転させようとする．この右に回そうとするトルクと左に回そうとするトルクとが相殺されていれば，クレーンは転倒したり傾いたりすることはない．

しかしこのバランスが崩れるとクレーンは傾くことになる．さらにクレーン全体の重心 O が地盤と接地する点 O′ の鉛直線上を越えれば，クレーン全体にはたらく重力のトルクもクレーンを転倒させるようにはたらき転倒する．

通常クレーン装置には，つり上げられる荷物の重量制限やブームの傾斜

角の制限が安全制御装置として組み込まれている．アウトリガを設置する地盤の固さが十分にあればクレーン転倒事故は防げるが，アウトリガの設置が適切に行われないとクレーン転倒事故は発生する．

🔍 Focus 4.3 角運動量とトルク

回転している物体と回転していない物体とでは何が違うのだろうか．実は，回転している物体には**回転の慣性**（回転軸の方向を保って等速回転し続けようとする）がある．つまり，摩擦力や抵抗力という運動を妨げる要素がない限り，回転軸の方向と角速度を保って回転し続ける．この回転の慣性を特徴づける物理量が**角運動量**$\vec{L}$であり，つぎのように定義される．

$$\vec{L} = \vec{r} \times \vec{p} = \vec{i}(r_y p_z - r_z p_y) + \vec{j}(r_z p_x - r_x p_z) + \vec{k}(r_x p_y - r_y p_x) \quad (4.9)$$

ここで×の記号はベクトル積を表す．最右辺が成分表示されたものである．

角運動量$\vec{L}$の（時間的）変化をもたらす原因が**トルク**$\vec{\tau}$である．つまり

$$\vec{\tau} = \frac{\mathrm{d}\vec{L}}{\mathrm{d}t} \quad (4.10)$$

という微分方程式（**回転運動の運動方程式**という）が成り立つ．ここから，トルクの一般的な定義式

$$\vec{\tau} = \vec{r} \times \vec{F} \quad (4.11)$$

が得られる．トルクによって回転運動の状態が変化する．つまり，回転が速くなったり遅くなったり，回転軸の方向が傾いたりする．

📈 発展 4.4 てこの原理と物理学

本章で物体の回転について，てこの原理から説明した．実は，てこの原理は自然観を形成するうえで極めて重要である．バランスのとれた状態がどのように実現するかをこの原理は定めており，さらにこの原理を抽象化・一般化したものが**最小作用の原理**とよばれるものである．最小作用の原理から力学の運動方程式やエネルギー保存則，運動量保存則，角運動量保存則，電磁気学，量子力学，相対性理論，さらには超弦理論も導き出される．最小作用の原理は，たとえ始めは複雑で混沌とした状態でもしばらく経てば調和のとれた単純な状態が自然の世界では出現することをいっている．すなわち，「落ち着くべき状態に落ち着くのが自然」なのである．

参考文献

[1] 東京消防庁　家具類の転倒・落下・移動防止対策ハンドブック（平成 27 年版）:
http://www.tfd.metro.tokyo.jp/hp-bousaika/kaguten/handbook/
[2] 国土交通省　安全啓発リーフレット（平成 29 年度版）:
http://www.mlit.go.jp/tec/sekisan/sekou/pdf/H29nendobananzenkeihatsu.pdf

章末問題

4.1 力 $F = 3.0$ N がうでの長さ $d = 1.2$ m の点に垂直にはたらいている．このときのトルクの大きさ τ を求めよ．

4.2 図のように中心をピン留めされた固い棒に 2 つの力 $F_1 = 2.0$ N，$F_2 = 6.0$ N がそれぞれ棒の中心から $d_1 = 3.0$ m，$d_2 = 1.5$ m の位置にはたらいている．正味のトルク τ を求めよ．また，このときの回転方向を答えよ．

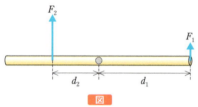

図
F_1 は棒を左回りに回転させようとし，
F_2 は棒を右回りに回転させようとする．

4.3 摩擦のない軸まわりに自由に回転できる外径 R_1，内径 R_2 の輪が一体化した二重滑車を考える．それぞれの輪にひもを巻きつけ，図のように外径 R_1 の輪には力 F_1 を加え，内径 R_2 の輪には力 F_2 を加える．このとき，二重滑車に作用する正味のトルクを求めよ．

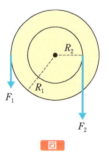

図
F_1 は滑車を左回りに回転させようとし，
F_2 は滑車を右回りに回転させようとする．

4.4 問題 4.3 の状況で $R_1 = 3.0$ m，$F_1 = 2.0$ N，$R_2 = 2.0$ m，$F_2 = 6.0$ N として，正味のトルク τ を求めよ．また，このときの回転方向を答えよ．

4.5 図のような高さ 180 cm，奥行き 30 cm（幅 90 cm）の標準的な本棚（全体の質量 200 kg であり，収められた書籍は本棚と一体化していて飛び出したりしないと仮定する）について考える．いま地震が発生した．この本棚に横揺れ成分として水平方向に外力 $\vec{F}$ がはたらいている．このとき本棚が傾かないための

外力 $\vec{F}$ の上限を求めよ．ただし，重力加速度は $g = 9.80 \text{ m/s}^2$ とする．

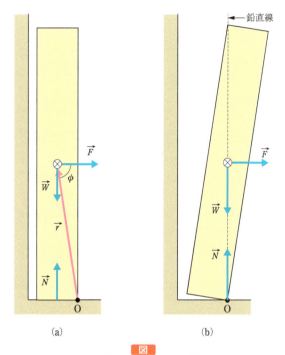

(a)　(b)

図

(a) 重心点⊗には重力 $\vec{W}$ と地震による外力 $\vec{F}$ がはたらいている．重力 $\vec{W}$ の延長線（作用線）上に床面から垂直抵抗力 $\vec{N}$ がはたらいている．

(b) 重心点⊗が回転中心 O の鉛直線上にあるとき，重量 $\vec{W}$ と垂直抵抗力 $\vec{N}$ によるトルクが $\vec{0}$ になり，そして外力 $\vec{F}$ による力のモーメント（トルク）が最大となる．

第 5 章
飛行機の物理学
―流体力学入門―

ねらい
本章では，飛行機が飛ぶ条件を題材として，流体力学について学ぶ．

§ 5.1 はじめに

　1903年にアメリカのライト兄弟が世界初の有人動力飛行に成功した．空を自由に飛びたいという人類の夢がかなったのはわずか120年ほど前のことである．今日人類は世界中に航空網を巡らせ，世界で1日あたり約30万便の飛行機が運航されている．アメリカの国家運輸安全委員会（NTSB）の調査によると，飛行機にのって死亡事故にあう確率は 0.0009 %（9×10^{-4} %）である．アメリカ国内において自動車に乗って死亡事故にあう確率は 0.03 %（3×10^{-2} %）なので，約33分の1となる．これが「飛行機はもっとも安全な交通手段である」という説の根拠となっている[1]．

　それでも飛行機事故は発生している．飛行機事故の約8割は離陸や着陸の際の短い時間帯で起こっている．離陸後の3分間と着陸前の8分間は「クリティカル・イレブン・ミニッツ（魔の11分）」とよばれている．

§ 5.2 飛行の条件[*1]

　飛行機が大空に舞い上がるには，自重（飛行機本体に作用する重力）より大きな上向きの力（揚力）がはたらいていなければならない．たとえば，ボーイング777では約 250 T[*2]（$=2.5\times10^{6}$ N）ほどの揚力が離陸時に必要となる．

　図 5.1 のように飛行機には**重力**，**揚力**，**推力**，**抗力**（と加速時に慣性力）がはたらく．推力はプロペラエンジンやジェットエンジンによって得られ，推力によって機体は前進する．この前進運動を妨げるのが抗力である．そしてこの前進運動によって揚力が生まれ，飛行機は重力に打ち勝ち上昇していく．飛行機は空気中を運動しており，空気はいうまでもなく気体である．気体と液体の総称を**流体**といい，流体に関する力学を**流体力学**という．

*1 これから先はより詳しく理解したい場合は，参考文献 [2] を参照されたい．

*2 T（トン）= 1000 kg 重

図 5.1 飛行機にはたらく4つの力

Focus 5.1 流体力学

流体力学では，流体が固体と比べて構成要素（原子や分子）間の結合が弱くさまざまな状態を取りうるため，力学的自由度が多くなり特殊な状態を除いて一般に取り扱いが難しくなる．流体力学では，微小流体要素（図 5.2）の密度 $\rho(\vec{r}, t)$ と速度 $\vec{v}(\vec{r}, t)$ を基本量として考える．密度や速度は位置 $\vec{r}$ や時間 t が変わるとともに変化するので **4 元ベクトル** $(\vec{r}, t)$ を変数とする．このように，位置と時間を変数にとる物理量を**場**（フィールド，field）という．つまり流体力学は場の理論の 1 つである．

図 5.2 に示すように，微小流体要素の軌跡を**流線**という矢印を使って表現する．流線の接線方向と速度の方向は一致している．

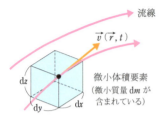

微小体積要素 $dV = dx\, dy\, dz$

質量密度 $\rho = \dfrac{dm}{dV}$

図 5.2 微小流体要素
流体力学では，流体中の微小な部分（微小流体要素）を考えて，その振る舞いを考える．

§ 5.3 空気力学

流体力学のなかでも特に飛行に関する空気の運動を取り扱う分野を**空気力学**という．空気力学では，物体の速度（ここでは物体の地表に対する速度で，対地相対速度という）あるいは空気の流れの速度（ここでは空気の機体に対する速度で，対機体相対速度という）を音速で割った値を**マッハ数**という．すなわち相対速度を V，音速を a とすると，マッハ数 M は

$$M = \frac{V}{a} \tag{5.1}$$

と表される．相対速度が音速を超えると（マッハ数が 1 以上になると），**超音速**となり**衝撃波**が発生する．この衝撃波は地上でかなりの騒音・振動をもたらすので，通常音速を超えないように速度を調整している．

Focus 5.2 完全流体（理想流体）

空気のような**実在流体**には，圧縮性のほかに**粘性**および**回転**があり，一般には時間的に変化する**非定常流**であり，乱流を伴ってしまう．これはいわゆる**非線形効果**をもたらし，解析が極めて難しくなってしまう．そのためこれら諸性質を無視した流体を仮定して議論し，そこからのズレによって実在流体の性質について議論していく．

そこで理想化された流体として，つぎの 4 つの性質を満たす**完全流体**（理想流体）[3] を考える．

1. **非粘性流体**：内部摩擦が無視でき，運動を妨げる粘性力が発生しない（**ダランベールの背理**）．

2. **定常流**：各点の流体要素の速度が時間的に一定である流体．
3. **非圧縮性流体**：流体の密度が時間的・空間的に一定である流体．
4. **非回転流**：任意の点まわりの流体の角運動量が0である流れ（たとえば流体中にアルミ箔片を置いたとき，箔片が回りだしたら，その流れは回転流である）．

§5.4 境界層と空気抵抗

　実在流体と完全流体との違いについて少し詳しく説明する．実在流体は物体の表面近くを流れると粘性のために表面に付着しようとする．これが原因となって流体の流れが減速する．この減速作用は空気のような粘性の低い流体では物体の表面から離れるにつれて急速に弱まるので，その影響のおよぶ範囲は物体表面付近に限られる．これを**境界層**という．つまり粘性の影響がおよぶ範囲が境界層である．

　境界層は物体の先端部分に始まり物体の表面に沿って下流に行くほど厚みを増していく．図5.3 は一様な流れの中に置かれた平板上の（厚さδの）境界層を表している．2ヵ所にその地点での速度分布を示したが，境界層内では減速の効果が見てとれる．層内の流れは，始め秩序正しく滑らかに流れているが下流のある点で乱れて**乱流**になってしまう．この点を**遷移点**という．また上流の境界層内の流れが滑らかな部分を**層流境界層**といい，下流の乱流の部分を**乱流境界層**という．境界層に覆われた部分には物体の運動を妨げる抗力（空気抵抗）が発生する．その大きさは層流境界層より乱流境界層のほうが大きくなる．

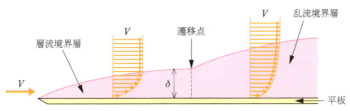

図5.3 平板上の境界層と速度分布

図中の平板からδまでのところでは流体の相対速度Vが小さくなっている．この部分を境界層という．
[航空力学の基礎　第3版，産業図書（2012）を参考に作成]

　図5.4 のように物体の形状が流れの方向に細長く滑らかな場合，境界層の部分を除くと流れの状態は完全流体と実在流体の様子はほとんど同じとなる．実在流体において物体の後部で境界層がはがれて乱流が生じる．航空機などでは物体の形状を**流線形**にして境界層の剥離が生じないようにしている．

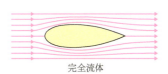

完全流体

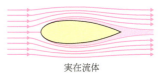

実在流体

図5.4 流体の種類による流れ場の相異

完全流体と実在流体の違いは，境界層がはがれて後方に乱流が生じるかどうかである．
[航空力学の基礎　第3版，産業図書（2012）を参考に作成]

§ 5.5 レイノルズ数

　乱流の流れのパターンは流体の粘性，密度や流れの速度によって異なってくる．流れのパターンは，つぎに定義される**レイノルズ数** R に強く依存する．

$$R = \frac{Vl}{\nu} \tag{5.2}$$

ここで，V は一様流の流速（あるいは物体の相対速度），l は物体の代表長（飛行機なら翼幅など），ν は**動粘性係数**（粘性係数 μ と密度 ρ との比，$\nu = \mu/\rho$）である．レイノルズ数は無次元量である．

例題 5.1　上空 10000 m（＝10 km）を時速 900 km/h で飛行している旅客機を考える．主翼の翼幅を 61 m，上空の動粘性係数を 3.5×10^{-2} m²/s としてレイノルズ数を求めよ．

解答

$v = 900$ km/h $= 250$ m/s より，$R = \dfrac{250 \times 61}{3.5 \times 10^{-2}} = 4.4 \times 10^{5}$

§ 5.6 揚力の原理

　ベルヌーイの定理とは，流体におけるエネルギー保存則を表したものである．流体を非圧縮なものと仮定し，その質量密度を ρ，1 本の流線に沿うある点の圧力を p，流速を v，水平な基準面からとったその点の高さを h，重力加速度を g とすると，流線に沿って

$$p + \frac{1}{2}\rho v^2 + \rho g h = 一定 \tag{5.3}$$

が成り立つ．

　ベルヌーイの定理における高さの基準を $h = 0$ とする．流れのなかに物体が置かれた場合，その先端は速度が $v_0 = 0$ の**よどみ点**となる．よどみ点での圧力（**よどみ点圧**）を p_0 とすると，ベルヌーイの定理より

$$p + \frac{1}{2}\rho v^2 = p_0 \tag{5.4}$$

が成り立つ．式 (5.4) は流れをせき止めると圧力が $\dfrac{1}{2}\rho v^2$ だけ高まるということを表している．また式 (5.4) を変形すると，

$$v = \sqrt{\frac{2}{\rho}(p_0 - p)} \qquad (5.5)$$

が得られる．式(5.5)から流速が上がればその点での圧力が下がることがわかる．

流速が上がると圧力が下がるので，図5.5のように紙の上面だけに息を勢いよく吹きつけると，上面の大気圧が下がるので紙が上がってくる．

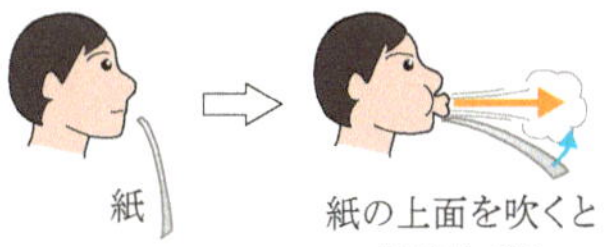

機体が停止しているとき，飛行機の翼には，「流体中の同じ高さの点にはあらゆる方向から同一の圧力がかかる」という**パスカルの原理**により，図5.6(a)に示すように，あらゆる方向から同一の大気圧がかかる．しかし機体が(b)のように大気に対して運動すると翼の形状によって上下面での流速が異なってくる．上面での流速が大きく，相対的に下面での流速が小さくなる．その結果，上向きの揚力が発生する．圧力に面積をかけたものが力となるので，上下面の圧力差に翼の面積をかければ，おおよその揚力を求めることができる．

図5.5 翼の揚力について簡単な説明

つぎに，もう少し流体力学的考察を深めておこう．

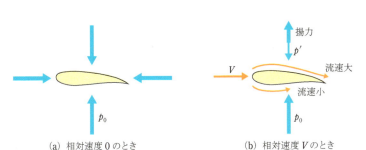

(a) 相対速度 0 のとき　　(b) 相対速度 V のとき

図5.6 翼の揚力と相対速度の関係

(a) 流体に対する翼の相対速度が 0 の場合，翼にはあらゆる方向から同一の大気圧がかかるため，揚力は発生しない．
(b) 流体に対しての翼の前方への相対速度がある場合，翼の上面での流速が下面より大きくなり，翼上面にかかる大気圧が下がるため，上向きの揚力が発生する．つまり，揚力の発生には流体に対する相対速度が必要である．

§ 5.7 循環流

図5.7を使って完全流体中の円柱について考える．ダランベールの背理より，非粘性流中では運動を妨げる抗力が発生しない．このため，(a)のように完全流体中に円柱を置いた場合，流線は乱れず抗力は生じない．

つぎに，同じ円柱を静止した完全流体の中に置き，何らかの方法で流体に(b)のような同心円状の**循環流**を発生させた場合を考える．この場合も円柱には何の力もはたらかない．しかし(a)と(b)とを合成すると，その流線は(c)のようになる．(b)の成分が含まれているので(c)には循環があるという．(a)にも(b)にも力ははたらかなかったが，(c)には図のような上向きの力がはたらく．(c)の円柱の上側の流れは加速されて(a)より流速は大きく，下側の流れは減速されて流速が小さくなっている．このことか

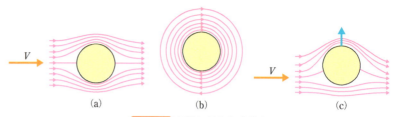

図 5.7　円柱にはたらく揚力
(a) 相対速度 V で流れる完全流体中に円柱の物体を置いても，流線は乱れず抗力は発生しない．
(b) 円柱の同心円状に循環を生じさせても円柱には何の力も作用しない．
(c) (a)と(b)の合成状態では，上向きに力がはたらくようになる．
[航空力学の基礎　第3版，産業図書（2012）を参考に作成]

ら，上側の圧力が減じ，下側の圧力が増すので，この圧力差のために円柱は上方に押し上げられる．循環を得るには粘性のある流体中で円柱を自転させてやればよい．

　この話は円柱というシンプルな形状の議論であったが，球体を自転させながら流体中を移動させても同じ進行方向に垂直な力を受ける（**マグナス効果**）．野球やテニス，ゴルフのボールが回転して軌跡が曲がるのは，マグナス効果によるものである．

　循環流（円柱の中心軸からの距離に反比例するような速度分布をもつ流れ）による円柱表面の流速 v は，円柱の半径を a，循環の強さを Γ とすると

$$v = \frac{\Gamma}{2\pi a} \tag{5.6}$$

で与えられる．

§ 5.8　翼に生じる揚力

　流れに垂直な方向に力が生じるマグナス効果は，飛行機の翼にはたらく揚力の原因となる．つまり翼とはそのまわりにもっとも効果的に循環を生じさせる物体である．翼は円柱やボールのように回転させて循環を得る物体ではない．それでは，翼はどのように循環を生じさせているのだろうか．

　翼を静止した流体中に置き，静止の状態から徐々に流速を上げて，最終的に定常で一様な流れが翼に当たるようにする．図 5.8 はこのような状態を表したものである．(a)は流体が完全流体である場合の流線図である．流れは翼の後部で上側に回り込む．通常翼の後部は鋭くとがっているので，この部分では流速は非常に高まり，圧力が非常に下がる．流体が実在気体である場合，後部で(b)に示すように下流に粘性作用のため渦が発生する．その後は翼の上下面に沿った流線は翼の後部で滑らかに合流する（(c)）．この状態が円柱の場合の図5.7(c)に対応している．つまり，実在流体の流れは，完全流体における循環のない流れと循環流(d)に分解することができる．この循環流は，翼の後部から渦を放出することによって，翼まわりに生じているのである．

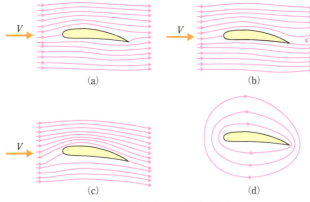

図 5.8　翼まわりの循環の発生
(a) 完全流体による流線.
(b) 実在流体による流線. 粘性作用による剥離により後部に渦が生じている.
(c) 上下面の流線が滑らかに合流したときの流線の様子.
(d) 実在流体の流線(c)を完全流体の流線(a)から差し引くと得られる循環流.
[航空力学の基礎　第3版, 産業図書 (2012) を参考に作成]

> **参考 5.3 飛行機の座標**
>
> 飛行機に搭乗している乗客から見た飛行機の挙動を考えるのならば，飛行機の重心点に原点をもつ 図5.9 のような座標をとるとよい．x軸を機体の進行方向に，y軸を機体を横から見たときの回転軸方向に，z軸をx軸とy軸とに直交するようにとる．

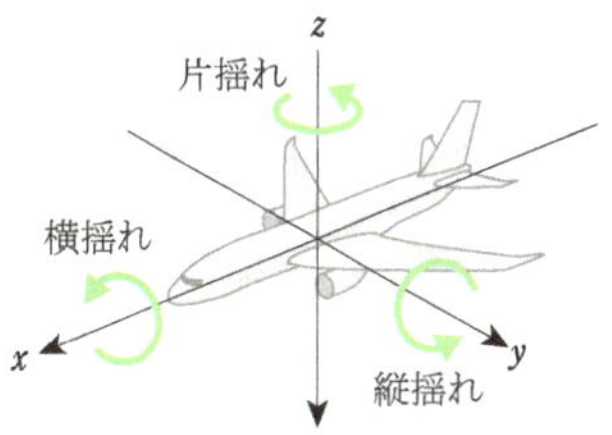

図 5.9　飛行機の座標
x軸まわりの回転は**横揺れ**（ローリング）を，y軸まわりの回転は**縦揺れ**（ピッチング）を，z軸まわりの回転は**片揺れ**（ヨーイング）を表している．

参考文献

[1] Wikipedia　航空事故：
https://ja.wikipedia.org/wiki/%E8%88%AA%E7%A9%BA%E4%BA%8B%E6%95%85
[2] 牧野光雄（著），航空力学の基礎　第3版，産業図書 (2012)
[3] R. A. Serway（著），松村博之（訳），科学者と技術者のための物理学 (1b)，学術図書出版社 (1995)

章末問題

5.1 つぎの問いに答えよ.

(1) **連続の方程式(体積フラックス一定の法則)** 断面積が変化するパイプ中を定常流として運動する非圧縮性流体を考える.時間 ΔT の間に断面 A_1 を通過する流体の体積は,同じ時間 ΔT に断面 A_2 を通過しなければならない.断面 A_1 を通過する流速を v_1,断面 A_2 を通過する流速を v_2 とするとき,成り立つ方程式を求めよ.

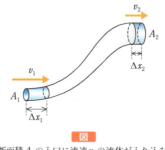

図
断面積 A_1 の入口に流速 v_1 の流体が入り込み,
断面積 A_2 の出口から流速 v_2 で出ていく.

(2) 直径 $d=1.0\,\text{cm}$ の水道ホースを使って 16 L のバケツを満たした.このバケツを満たすのに 2.0 分かかったとすると,ホースから出る水の速さを求めよ.

5.2 大型旅客機の質量は約 2.5×10^5 kg であり,主翼の面積は約 $4.3\times 10^2\,\text{m}^2$ である.つぎの問いに答えよ.

(1) 離陸時に最低限必要な主翼の上面と下面の圧力差 Δp を求めよ.必要な圧力差は自重を主翼の面積で割れば得られる.ただし,重力加速度は $g=9.8\,\text{m/s}^2$ とする.

(2) 問(1)で求めた圧力差を生み出すための速度を見積もれ.ただし,20℃・1 気圧での空気の体積質量密度を $\rho=1.2\,\text{kg/m}^3$ とする.

第6章
IH調理器の物理学
— 電磁誘導による渦電流 —

ねらい
エネルギーを活用するには，エネルギーの変換や移行について考えることが必要である．本章では，近年利用が増えてきた**IH調理器**を題材にして，電磁気学の基本法則を通して，エネルギーの移行について学ぶ．

§ 6.1 IH調理器の普及

図6.1 のような IH 調理器は，炎を用いず調理温度を電子回路で制御するので，使い方の誤りによる爆発事故や食用油の過加熱による発火を防ぐことができる．**誘導加熱**（IH）は自己発熱のため，**温室効果ガス**である二酸化炭素 CO_2 を発生しない．そのため，地球環境保全の効果も期待されている．また電力会社の料金プランによっては，ガスと比べてもランニングコストを低く抑えることができ，図6.2 のように新築住宅建設やキッチンリフォームの際に IH 調理器が導入される場合が増えている．

図6.1 IH 調理器

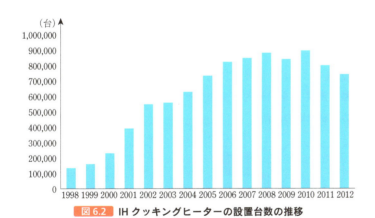

図6.2 IH クッキングヒーターの設置台数の推移
［出典：リフォーム産業新聞　設備建材マーケットデータ］

§ 6.2 アンペールの法則，ビオ-サバールの法則

図6.3 のように，電流のまわりには同心円状に磁場ができる（**アンペールの法則**，**ビオ-サバールの法則**）．また，電流が通る導線をコイル状に巻くと棒磁石と同等の電磁石を作ることができ，**ソレノイド**とよばれる（図6.4）．コイルに流れる電流と発生するの磁場の関係は，コイルに流れ

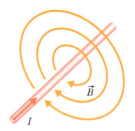

図 6.3 アンペールの法則，ビオ-サバールの法則
電流のまわりに同心円状に右回りの磁場 $\vec{B}$（正確には磁束密度）が生じる．

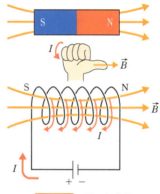

図 6.4 ソレノイド
ソレノイドに電流を流すと，棒磁石のような磁場 $\vec{B}$ が生じる．

る電流の方向に右手の 4 本の指を沿わせたとき，親指の方向に磁場が生じる（**右手の法則**）．

§ 6.3 ファラデーの電磁誘導の法則

図 6.5 のように，コイルに磁石を近づけたり遠ざけたりしてコイルを貫く**磁束密度** $\vec{B}$ を時間的に変化させると，誘導起電力が生じる（**ファラデーの電磁誘導の法則**）．

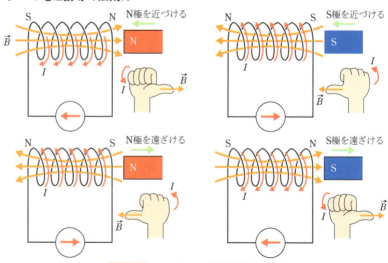

図 6.5 ファラデーの電磁誘導の法則
コイルを貫く磁場の時間変化を妨げるように誘導起電力が生じる．

Focus 6.1 誘導起電力

コイルの近くで磁石を動かすと，その動きを妨げるように電流（**誘導電流**）が誘起される．この誘導電流をもたらすものを**誘導起電力** E といい

$$E = -\frac{\Delta \Phi_m}{\Delta t} \tag{6.1}$$

と表すことができる．ここで Φ_m は**磁束** * を表している．マイナス符号は磁束の変化を妨げる向きに誘導起電力が生じることを表している．

*磁束は磁場の強さを表す物理量である．

§ 6.4 ジュール熱と消費電力

一般に電気抵抗のある導体に電位差を与えたとき，流れる電流によって生じる熱を**ジュール熱**という．電気抵抗 $R[\Omega]$ の物体に $I[\text{A}]$ の電流を $t[\text{s}]$ 間流したときに発生するジュール熱 $Q[\text{J}]$ は

$$Q = RI^2 t \tag{6.2}$$

で与えられる．これに**抵抗体のオームの法則**

$$V = RI \tag{6.3}$$

を代入すると，

$$Q = IVt \tag{6.4}$$

となる．

単位時間あたりのジュール熱は

$$P = \frac{Q}{t} = IV \tag{6.5}$$

と書くことができる．この P を**消費電力（電力）**という．電力の単位は W（ワット）で，これは仕事率の単位 J/s に等しい．

例題6.1 ある模型用モーターに電圧値3.0 Vで電流値1.0 Aの電流を30分間流した．モーターの回転軸には何も接続されておらず，なされた仕事はすべて熱（ジュール熱）になったと仮定する．このときのジュール熱を求めよ．

解答

$Q = IVt = 1.0 \times 3.0 \times 30 \times 60 = 5400 = 5.4 \times 10^3$ J

§ 6.5 IH調理器の原理 —渦電流—

IHを省略せずに書くと Induction Heating である．これを直訳すると，**誘導加熱**となる．ここでの誘導とは（ファラデーの）電磁誘導のことであり，コイルの近くで磁石を動かすと電流が流れる電磁誘導現象を意味する．

アルミニウムなどの金属板を磁場中で動かしたり，金属板近くの磁場を変化させたりすると，電磁誘導によって金属板内で渦状の**誘導電流（渦電流）**が生じる．1855年に物理学者レオン・フーコー*によって発見された．渦電流は金属板の**電気抵抗率** $\rho\,[\Omega\cdot m]$（つまり電気抵抗）が小さいほど大きくなり，金属板の厚さが厚いほど大きくなる．

＊フーコーは，1851年にいわゆるフーコーの振り子の実験から地球の自転を証明している．

電流が流れると金属の電気抵抗によってジュール熱が発生する．磁場発生装置（コイル）の時間的に変化する磁場によってアルミ鍋などの鍋底部に電流が生じる．IH調理器では，この電流によるジュール熱によって，鍋内部の素材が調理されるのである（図6.6）．

図6.7のように，棒磁石（N極）を金属板に近づけると，金属板を貫く磁束が増加するので，その変化を妨げるように金属板の上から見て左回りの渦電流が生じる．

図6.8のように，N極の磁石を金属板に平行に動かすと，領域Aでは金属板を貫く磁束が増加するので，それを妨げるように金属板の上から見て左回りの渦電流が生じる．一方領域Bでは，金属板を貫く磁束が減少するので，それを妨げるように金属板の上から見て右回りの渦電流が生じる．

図6.9のように，左回りに回転する金属板にN極の磁石を近づけると，領域Aでは金属板を貫く磁束が減少するので，それを妨げるように金属板の上から見て右回りの渦電流が生じる．一方領域Bでは，金属板を貫く磁束が増加するので，それを妨げるように金属板の上から見て左回りの渦電流が生じる．この結果，金属円盤の回転運動を妨げるように磁場が発生して制動力を得ることができる．これが**電気自動車**や**ハイブリッドカー**に用いられる**電磁ブレーキ（回生ブレーキ）**の原理である（図6.10）．

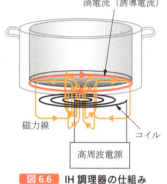

図6.6 IH調理器の仕組み

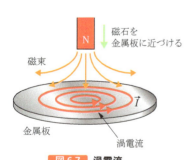

図6.7 渦電流
金属板に棒磁石を近づけると，その運動を妨げるように渦電流が生じる．

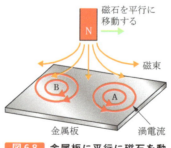

図6.8 金属板に平行に磁石を動かした場合の渦電流
金属板の上から見て，Aでは左回り，Bでは右回りの渦電流が生じる．

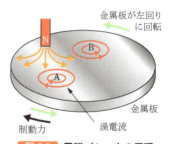

図6.9 電磁ブレーキの原理
金属板の上から見て，Aでは右回り，Bでは左回りの渦電流が生じる．

図 6.10　渦電流式電磁ブレーキ
電車に設置されている電磁ブレーキ．
[出典：Toshinori Baba/Wikimedia Commons]

§ 6.6　渦電流の応用

　渦電流現象としては，IH 調理器などのジュール熱の発生のほかに，金属板斜面で磁石を滑らすとやがて等速運動となること（図6.11）や，金属管中で磁石を自由落下させると減速して等速運動となる現象（図6.12）などがある．また 図6.13 のように，変圧器（トランス）における渦電流による損失は高周波になればなるほど大きく，高周波領域では周波数の 2 乗に比例した**渦電流損失**がエネルギー損失の支配的要因となる．

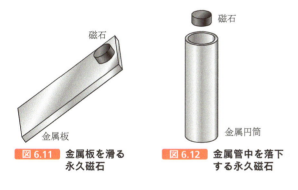

図 6.11　金属板を滑る永久磁石

図 6.12　金属管中を落下する永久磁石

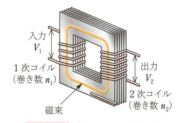

図 6.13　変圧器（トランス）
鉄心を板状にして渦電流による熱損失を抑えている．

Focus 6.2　エネルギーの移行

　仕事率は単位時間あたりの仕事量（エネルギー）であり，仕事率が大きいとは同じ時間で多くの仕事がこなせるということである．仕事率には，馬力・出力・動力・（消費）電力などの日本語別名が数多くあるが，英語では power（パワー）である．仕事率が大きければ大きいほどエネルギー移行量が高い（つまりエネルギー流量が大きい）というイメージである．出力（馬力）の大きいエンジンといえば，車を大きく加速させたり，同時に急な坂道を登ったり，同時に空気抵抗に打

ち勝ったりといった優れた走行性能を期待できる．大きな電力は建物全体の照明や冷暖房，お風呂の湯沸かし，調理や電気自動車のためのエネルギーが一気にまかなえる．つまり，大きな power はさまざまなことを同時に行うことができるのである．

何がしたいのかがわかれば，それに必要な**エネルギー移行量**としての power が決まるのである．

📝 参考 6.3 ローレンツ力と渦電流

磁束密度 $\vec{B}$ の磁場中で金属板を動かすと，金属板中の自由電子には**ローレンツ力**

$$\vec{F}=q(\vec{v}\times\vec{B}) \tag{6.6}$$

がはたらく．ここで q は荷電粒子（ここでは自由電子）の電荷，$\vec{v}$ は荷電粒子の速度を表している．このローレンツ力によって金属内の電子が回転することが渦電流の正体である．

速度と磁束密度が直交している場合 $(\vec{v}\perp\vec{B})$ は，ベクトル積の定義から

$$F=qvB \tag{6.7}$$

と書き表すことができる．

このように IH 調理器の原理は単純で古くから知られていた．むしろその発展を困難にしたのは，鍋やフライパンの素材の多様性である．これは素材の**電気伝導性**という電磁気学的特性によるところが大きい．電磁気学的特性を理解することは 21 世紀を生きていくうえで役に立つことは間違いない．物質の特性を略して**物性**とよぶことが多い．我々が生きている巨視的な世界の物性を理解するためには，**電磁気学**の習得が必須である．

ここまで見てきたように，IH 調理器などの電磁調理器は，電磁気学的エネルギーを熱エネルギーに変換することによって調理を行っている．これらのエネルギー変換はやはり定量的には仕事率やエネルギー量で評価される．私たちの生活とエネルギー問題とが密接にかかわっているのである．

参考文献

[1] 高橋秀俊（著），電磁気学（物理学選書），裳華房（1959）

章末問題

6.1 15.0 V の起電力をもつ電池が 5.00 Ω の負荷抵抗に接続されている．この回路に流れる電流を求めよ．

6.2 問題 6.1 の状況下で，負荷抵抗が消費する電力を求めよ．

6.3 典型的な電気料金は 1.00 kWh あたりおよそ 20 円程度である．消費電力 40.0 W のノートパソコンを 1 年間つけっぱなしにしておくときの電気料金を求めよ．

6.4 1 辺の長さが 10.0 cm の正方形の枠に 200 回導線を巻いたコイルがある．コイルの全抵抗は 3.00 Ω である．コイル面と垂直に 0.600 秒間に 0～0.500 Wb/m² （ウェーバー毎平方メートル，磁束密度 B の単位）まで一様に増加する磁場を加える．磁場が変化する間にコイルに誘導される起電力の大きさを求めよ．

6.5 つぎの変圧器の説明を読んだあと，問いに答えよ．

日常的に使われているアダプター（トランスや変圧器ともいう）は図 6.13 に示すように環状の鉄心に巻いた 2 本の導線によって表すことができる．アダプターは何層にも重ねられた口の字状の鉄心にコイルを 2 ヵ所に巻いた構造をしている．図 6.13 の左側を入力側の 1 次コイルといい，たとえば 100 V のコンセントに接続する．一方，右側を出力側の 2 次コイルという．巻き数 n_1 の 1 次コイルに電圧 V_1 の交流電流を流すと，大きさと方向が時間変化する磁束 Φ [Wb]（磁束の単位，ウェーバーと読む）が生じる．この磁束は鉄心を通り，2 次コイルに入る．巻き数 n_2 の 2 次コイルに入った磁束 Φ は時間変化するので誘導起電力が生じる．このとき 1 次コイル，2 次コイルそれぞれに

$$V_1 = -n_1 \frac{\mathrm{d}\Phi_m}{\mathrm{d}t}, \quad V_2 = -n_2 \frac{\mathrm{d}\Phi_m}{\mathrm{d}t}$$

が成り立つ．図 6.13 のような磁気回路では鉄心の外部への磁束のもれは無視でき，$\frac{\mathrm{d}\Phi_m}{\mathrm{d}t}$ が共通となるので，$\frac{V_1}{n_1} = \frac{V_2}{n_2}$ の関係が成り立つ．よって，

$$\frac{V_1}{V_2} = \frac{n_1}{n_2}$$

の関係が得られる．

問　いま，100 V の交流を 3 V にしたい．入力側のコイルの巻き数が 100 回であるとき，出力側のコイルの巻き数を求めよ．

第 7 章
色彩の物理学
―光―

> **ねらい**
> 色覚にかかわる物理現象は**波動光学**によって説明される．色の混合は光（電磁波）の重ね合わせであり，虹は電磁波の周波数による屈折角の違い（光の分散）によって七色に分かれる．本章では，色彩を題材として光（電磁波）の性質について学ぶ．

§ 7.1 眼球の構造

人間には視覚・聴覚・味覚・臭覚・触覚の五感があるが，視覚から得られる情報が全体の 90 % 以上におよぶといわれている．そもそも目が見えるとはどういうことなのだろうか．

人間の**眼球の構造**を 図7.1 に示す．角膜から入った光が凸レンズ構造をもった水晶体によって集光されて，網膜に像を結び，その情報が視神経を通って脳の視覚野に入り認識される．網膜に映し出された像は上下左右反転しているが，脳内で適切に処理されて現実に即したように認識される．

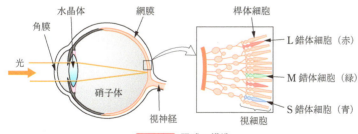

図 7.1 眼球の構造

図 7.1 のように，網膜内には光の情報を電気信号に変換する視細胞がある．視細胞は明暗を感知する**桿体細胞（かんたいさいぼう）**と，赤・緑・青の 3 種類の光に対応した**錐体細胞（すいたいさいぼう）**の 4 種に分かれる（ 図7.2 ）．

桿体細胞と錐体細胞は，光の強度すなわち明るさによって役割が切り替わる．暗い環境では桿体細胞は活発になり，錐体細胞は不活発になる．このため，暗い環境では白黒で周囲を認識する．明るい環境では錐体細胞が活発になり，色の三原色（赤・緑・青）を認識するようになり，カラーで周囲を認識するのである．図7.3 のように，人間の錐体細胞は，赤・緑・青の 3 種類である．

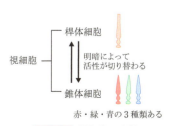

図 7.2 視細胞の分類

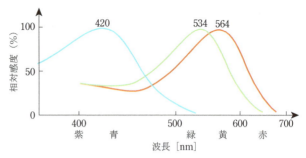

図 7.3　錐体細胞の感度の波長依存性

§ 7.2　光の加算混合・色の減算混合

図 7.4 のように，光の三原色（赤・緑・青）を重ね合わせると白が得られる．このことを光の三原色の**加算混合**という．また，色の三原色もあり，イエロー・シアン・マゼンダである．光の三原色とは異なり，色の三原色を混ぜると黒くなる．これを色の三原色の**減算混合**という．白さと黒さの度合いを**明度**といい，白は明度が高く黒は明度が低いという．

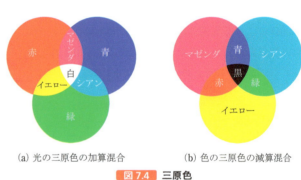

(a) 光の三原色の加算混合　　　(b) 色の三原色の減算混合

図 7.4　三原色

§ 7.3　白色光のスペクトル

太陽光や蛍光灯の光のような白い光を三角プリズムに当てると，図 7.5 のように**波長**（図 7.10 参照）の短い紫が大きく屈折し，波長の長い赤はあまり屈折しない．そのため，白色が七色に分かれる．この現象を**光の分散**といい，虹の原理である．また，この一連の操作を「分光した」とか「スペクトルをとった」という．紫より波長の短い光（紫外線）や赤より波長の長い光（赤外線）は人間には見えない．

図 7.6 に示すように，光（可視光）は**電磁波**の一種である．赤外線より長い波長域にはマイクロ波やテレビやラジオに使われている周波数帯域があり，紫外線より波長の短いX線やγ線がある．たとえば天文学では，そ

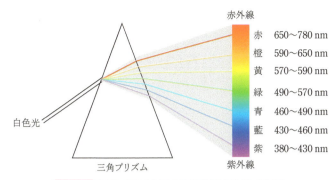

図 7.5　三角プリズムによる白色光の分散（分光）
白色光はプリズムによって波長ごとに分光される．

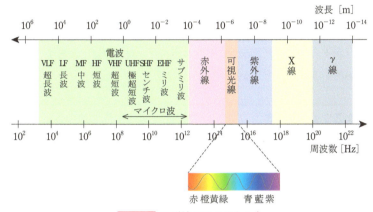

図 7.6　電磁波のスペクトル＊
電場と磁場の時間変化が波動として伝わるのが電磁波である．

＊プリズムなどの分光器によって得られる波長（および周波数）と，その強さを示したもの．

れぞれの周波数帯域ごとに専門家がおり，日々観測に従事し，新たな観測データを蓄積している．

参考 7.1 光とは何であろうか

　光とは何であろうか．この問いは長い間人類を悩ませ続けてきた．17世紀，ニュートンは光の直進性や反射の性質から光の**粒子説**を唱えた．また同時代の物理学者ホイヘンスは，光は波であり波の通り道のすべての点が新たな波動の波源となるという**ホイヘンスの原理**を提唱した（**波動説**）．波動説により光の回折や干渉といった現象も説明できるので，「光は波動である」という説が定着していった．

　19世紀になると，物理学者マックスウェルによって，電磁気学の法則から電場・磁場の時間変化が光の速度で波として伝わる電磁波の存在が予言された．つまり，光（可視光）は目（視細胞）が（化学）反応しやすい周波数帯域（波長帯域）の電磁波であることがわかった．

　これで決着がついたかと思われたが，19世紀末頃に波動論では説明のつかない**光電効果**（第 8 章で説明する）が発見された．振動数（周波数）が一定以上の光を当てると，金属から電子が飛び出してくると

いうものである．この現象の説明として，アインシュタインが**光量子***（フォトン）という光の粒子を復活させて説明した．

現在では，光は「**波動性と粒子性の両方を持ち合わせる二重性を有するもの**」と考えられている．

*アインシュタインが導入した光量子は，現在は光子といわれている．

📈 発展 7.2 電磁気学

電磁気学は19世紀末に完成された．大雑把にいえば，物理学者ファラデーの広範な実験と，マクスウェルの理論から成り立っている．以下に示す4つの連立偏微分方程式(7.1)からなるマクスウェル方程式が電場と磁場を決定し，ローレンツ力の式(7.2)によって電場や磁場中の荷電粒子の運動が定まる．これらより，電磁気学現象の非常に多く（我々の日常で起こるような低エネルギー現象のほとんどすべて）を説明することができる．

マクスウェル方程式

$$\begin{cases} \vec{\nabla} \cdot \vec{E} = \dfrac{\rho}{\varepsilon_0} & \text{電場に関するガウスの法則} \\[2mm] \vec{\nabla} \cdot \vec{B} = 0 & \text{磁場に関するガウスの法則} \\[2mm] \vec{\nabla} \times \vec{E} = -\dfrac{\partial \vec{B}}{\partial t} & \text{ファラデーの電磁誘導の法則} \\[2mm] \vec{\nabla} \times \vec{B} = \mu_0 \vec{j} + \mu_0 \varepsilon_0 \dfrac{\partial \vec{B}}{\partial t} & \text{アンペール–マクスウェルの法則} \end{cases} \tag{7.1}$$

ここで$\vec{E}$は電場，$\vec{B}$は磁場（磁束密度），$\vec{j}$は単位面積あたりの電流（電流密度），ρは単位体積あたりの電荷（電荷密度），μ_0は真空の透磁率，ε_0は真空の誘電率を表す．$\vec{\nabla}$は微分演算子で$\vec{\nabla} = \left(\dfrac{\partial}{\partial x}, \dfrac{\partial}{\partial y}, \dfrac{\partial}{\partial z}\right)$である．

ローレンツ力の式は，

$$\vec{F} = q\vec{E} + q\vec{v} \times \vec{B} \tag{7.2}$$

で与えられる．ここでqは荷電粒子の電荷量，$\vec{v}$は荷電粒子の速度である．

19世紀後半，マクスウェル方程式から必然的に波動方程式（第13章式(13.8)参照）が導き出されることが示され，波動方程式の解の伝播速度が光の速度と一致した．これによって光が電磁波であることが広く認められた．しかし，光が波動の一種であることはマクスウェル以前に，光が波動の4つの性質（反射・屈折・回折・干渉）を満たすことからすでに知られていた．

§ 7.4 光の性質（電磁波の性質）

❶ 反射

図7.7 のように，光は反射面に垂直な**法線**に対して，入射光および反射光は同じ角度となる（**反射の法則**）．入射光の法線に対する角度を**入射角**，反射光の法線に対する角度を**反射角**とよぶ．

この性質は太陽光やレーザー光を反射させることによって直接観察できる．また，光路を直接特定できない量子系においても，変分法や運動量保存則から，この性質を導き出すことができる．

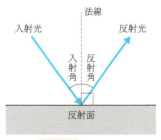

図7.7 光の反射

❷ 屈折

密度の異なる（正確には誘電率や透磁率の異なる）媒質同士の境界面の法線に対して入射角 i で入射光を入射すると，一部は反射するが，他の一部は異なる媒質の内部に入っていく（**屈折光**）．

図7.8 は空気中から発せられた光が水に入射し屈折している様子である．屈折の原因は媒質中を伝わる光の伝播速度の変化にある．空気中を伝わる光の速度は，真空中を伝わる光の速度とほぼ同じでおよそ $c_0 = 3.0 \times 10^8$ m/s である．一方，水の中を伝わる光の速度 c は c_0 に比べて遅くなる．c に対する c_0 の比を**屈折率** n といい，入射角 i と屈折光の**屈折角** r によって

$$n = \frac{c_0}{c} = \frac{\sin i}{\sin r} \tag{7.3}$$

と定義される．さまざまな物質の屈折率を 表7.1 に示す．この関係から入射角および屈折角から水中での光の速度 c を求めることができる．

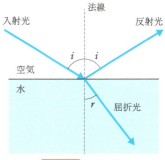

図7.8 光の屈折

空気のように光学的に疎な媒質から水のように光学的に密な媒質へと光が入射すると，光の伝播速度が境界で急激に遅くなり，光は屈折する．

表7.1 さまざまな物質の屈折率

物質	屈折率
水	1.3330
石英ガラス	1.5
ダイヤモンド	2.4195
空気	1.0003

［出典：理科年表 平成29年，丸善出版 (2017)］

例題7.1 水の真空に対する屈折率（**絶対屈折率**という）は 1.3 である．このとき，水中での光の速度を求めよ．ただし，真空中を伝わる光の速度を $c_0 = 3.0 \times 10^8$ m/s とする．

解答

$$c = \frac{c_0}{n} = \frac{3.0 \times 10^8}{1.3} = 2.3 \times 10^8 \text{ m/s}$$

❸ 回折

図7.9 のように，波動は障害物に当たったり，すき間を通過したりすると，回り込む現象（**回折**）を起こす．波面の各点が新たな点状の波源とな

ると考えると，この現象を説明でき，発見者にちなんで**ホイヘンスの原理**という．

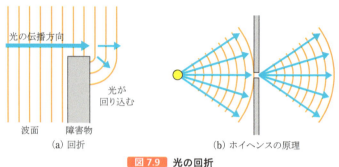

図 7.9　光の回折

❹ 干渉

　時間を止めて波形をあらわにした波動を考えてみよう．波形の山と山，谷と谷が重なるともっと高い山，もっと深い谷ができる．山と谷の平均の位置（平衡点）からの山の高さ（または谷の深さ）を**振幅**という（図 7.10）．振幅が大きくなるということは，より大きなエネルギーをもつということに対応し，光の場合は明るくなる．また山と谷が重なると振幅は小さくなり，光の場合は暗くなる．このような波形の重ね合わせによる振幅の増減（光の場合は明暗）を**干渉**という．

　シャボン玉の膜の上面から反射する光と膜の底面から反射する光が**干渉条件**を満たしているとき，光が強め合い明るくなる（図 7.11）．しかし，この干渉条件は膜の厚さや光の波長に依存するので，白色光を入射しても明るくなる色と暗くなる色が出てくる．そのため，シャボン玉の表面には膜の厚さに応じた色がつくのである．

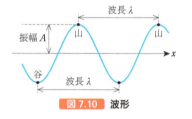

図 7.10　波形

(a) シャボン玉膜

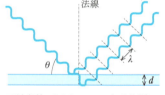
(b) シャボン玉膜上での干渉条件

干渉条件：$2d\sin\theta = n\lambda$（n は整数）

図 7.11　シャボン玉膜上での光の干渉
［画像出典：kotomiti/123RF］

> 📝 **参考 7.3　コヒーレンス（可干渉性）**
>
> 　光が干渉するためには，もう 1 つ重要な条件がある．実は光は自分自身とでなければ干渉しないのである．この性質を**コヒーレンス（可干渉性）**という．図 7.11 の例では，シャボン玉膜に入る光を膜の上面

で反射する成分と下面で反射する成分は，もとを正せば同じ入射光であったことが重要な前提条件となっている．

参考 7.4 レーザー光

コヒーレンスを空間的にも時間的にも広くもつ光が**レーザー光**である．レーザー光の発振原理を 図7.12 に示す．半導体などのレーザー媒質の電子にエネルギーを与えて励起状態にし，励起された電子がもとの状態に戻るときにそのエネルギー差に応じた特定の波長をもつ光を放出する．この光をミラーの間を何度も往復させることによって増幅し，明るくなった光を取り出したものがレーザー光である．

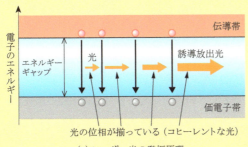
(a) レーザー光の発振原理

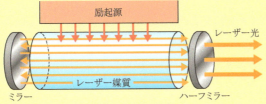
(b) レーザー発振器の構成

図7.12 レーザーの発振
(a) 電子状態の遷移は媒質のエネルギー準位間のエネルギーギャップで決まる．
(b) レーザー媒質中の電子を遷移させ光を発振して，それをミラー間で増幅して放出する．

発展 7.5 3次元空間と光

最後に光が存在することの自然観上の意味を考える．光，すなわち電磁波は電場と磁場の振動が空間的に伝わるもので，電場の時間的変化が磁場を生み出し，磁場の時間的変化が電場を生み出している．

実は電磁気学から，磁場 $\vec{B}$ はベクトルポテンシャル $\vec{A}$ という3つの成分をもつ量から $\vec{B} = \vec{\nabla} \times \vec{A}$ という関係でもたらされる．つまり，宇宙空間が3次元であることは，磁場の存在にとって必須となるのである．磁場なければ当然電磁波は存在できず，つまり光が存在しない．光の存在と我々の宇宙が3次元以上の空間をもつことは対応しているのである．

60 第 7 章 色彩の物理学

参考文献

[1] 高橋秀俊（著），電磁気学（物理学選書），裳華房（1959）

[2] 国立天文台（編），理科年表 平成 29 年，丸善出版（2017）

章末問題

7.1 つぎの**波動の基本公式**の説明を読んだあと，問いに答えよ．

波動には伝播速度 v と振動数 f と波長 λ の間に以下に示す基本的な関係があり，これを**波動の基本公式**

$$v = f\lambda$$

という．電磁波の伝播速度 v は，光の速度 c（$=3.00 \times 10^8$ m/s）より

$$c = f\lambda$$

となる．

(1) 可視光線の長波長側（赤）の波長は約 780 nm（$=7.80 \times 10^{-7}$ m）である．この波長の周波数を求めよ．

(2) 可視光線の短波長側（紫）の波長は約 380 nm（$=3.80 \times 10^{-7}$ m）である．この波長の周波数を求めよ．

7.2 シャボン玉の膜に白色光を入射させて，波長 0.49 μm〜0.55 μm の緑色の輝線を得たい．膜の厚さを 3.0×10^{-7} m としたとき，取り得る入射角の範囲を求めよ．ただし，干渉条件：$2d \sin \theta = n\lambda$ を用いよ．ここで，d は膜の厚さ，θ は入射角，λ は波長，n は整数値とする．また，簡単のため $n=1$ とする．

第 8 章
太陽光発電の物理学
―光電効果と半導体―

ねらい

本章では，一般家庭にも普及が進んでいる太陽光発電を題材にして，金属に光を当てると電流が取り出せる光電効果や，外部からのエネルギーによって電気伝導が生じる半導体の原理について学ぶ．

§ 8.1 太陽光発電

再生可能エネルギーの1つとして太陽光発電が注目を集めているが，普及率は平成26年度で全世帯の3.0％であり[1]，けっして多いとはいえない．太陽光発電の長所は，**温室効果ガス**である**二酸化炭素** CO_2 の排出量が，**化石燃料発電**に比べて圧倒的に少ないことである．また，夏場の昼間の電力需要が最大となる時間帯に太陽光発電の発電量も最大となるので，電力需要のピークをなだらかにする効果が期待されている．2016年の実績では太陽光による発電が 8.6 GW（＝ 8.6×10^9 W）以上となり，これは原子力発電所およそ8基分の電力に相当する．

一方，太陽光発電の短所は，高温時に出力が落ちることである．ソーラーパネルの法定耐用年数は17年であり，一般には20〜30年程度は使用可能である．性能低下速度の平均値は 0.8 ％/年である．これは初期性能の70％まで低下するのに40年以上かかる計算となる（章末問題8.5参照）．

太陽光発電の構成としては，**太陽電池パネル**と必要な電圧や周波数に変換する**インバータ**に大別される（**図 8.1**）．太陽光では直流電気を発電す

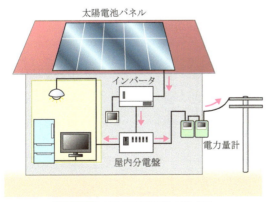

図 8.1 太陽光発電装置の構成図
太陽電池パネルで発電された電力は，インバータを経て，屋内分電盤に送られ，余剰電力は電力会社に売電される．

るが，直流を一般の家電製品に使えるように交流に変換する役割をインバータが担っている．インバータがいわゆる電力の質を保っている．

太陽光パネル表面に太陽光を当てると電流が流れる．太陽光パネルにはシリコン系，化合物系，有機系とあるが，ここでは現在世界の生産量の 8 割を占めているシリコン系について考える．太陽光パネルの最小単位をセルといい，セルを板状につなげたものをパネルまたはモジュールという（図 8.2）．

縦 100 m×横 200 m の長方形の面積は 2 ha（ヘクタール）であり，約 2 ha の太陽光パネルの定格出力は約 1 MW（10^6 W）となる．定格出力とは晴天で太陽の方向に向けたときの最適値であり，夜間や曇りのときは定格出力より低い値となる．一般家庭の平均消費電力量は約 3600 kWh＊なので，1 MW の電力はおよそ 300 世帯分の消費電力をまかなえることになる．

＊約 $1.3×10^{10}$ J に相当する．

図 8.2　太陽光パネルの一例
[出典：bwylezich/123RF]

§ 8.2　P 型半導体と N 型半導体

シリコン（Si，4 価の価電子をもつ）半導体にホウ素（B，3 価の価電子をもつ）原子を加えると電子が 1 つ不足し，正の電荷（正孔という）をもった状態になる．半導体結晶全体としては正（Positive）に帯電したように見えるので，これを P 型半導体とよぶ（図 8.3）．

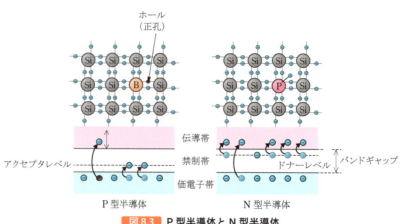

図 8.3　P 型半導体と N 型半導体

シリコン半導体にリン（P, 5価の価電子をもつ）原子を加えると電子が1つ余り，半導体結晶全体としては負（Negative）に帯電したように見えるので，これを **N 型半導体** とよぶ（図 8.3）.

図 8.4 のように，太陽光パネルの構造はシリコン結晶の受光側に表面電極を設置して，電子の取り出し（陰極）を行っている．表面電極の下側には N 型半導体が，さらにその下に P 型半導体が設置されており，P 型半導体の底面に陽極を接続している．

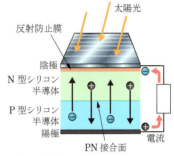

図 8.4　太陽光パネルの構造

§ 8.3　バンド理論

金属結合のような各原子が規則正しく配置して結晶構造をなしているような場合，エネルギー準位は幅をもつことが知られており，エネルギー帯とよばれている．図 8.3（下）に示されたようなエネルギー準位図を**バンド図**という．バンド図は電子のエネルギー状態を表している．このような状態を扱う理論を**バンド理論**という．バンド理論では化学結合に寄与する**価電子帯**がエネルギー準位の下部にあり，少し離れたところの上部に電気伝導にかかわる**伝導帯**がある（図 8.3 および 図 8.5）．価電子帯にある電子が外部からエネルギーを得て伝導帯まで励起されると，電子は結晶全体を動き回れる自由電子となり結晶に電流が生じる．また価電子帯と伝導帯の間の領域を**禁制帯**といい，価電子帯のもっとも高いエネルギーと伝導帯のもっとも低いエネルギーとの差を**エネルギーギャップ（バンドギャップ）**という．外部からバンドギャップを超えるエネルギーが供給されないと，半導体では電気伝導が生じない．

基底状態付近の安定した原子（たとえば絶対温度零度中での原子）のエネルギー準位を**フェルミエネルギー** E_F という．図 8.3 や図 8.5 に示すように，P 型半導体には多くの正孔が存在し，フェルミエネルギー E_F（アクセプタレベルとよぶ．図 8.3 参照）も価電子帯のすぐ上にある．一方，N 型半導体では伝導電子が存在し，伝導帯の下にフェルミエネルギー E_F（ドナーレベルとよぶ．図 8.3 参照）がある．さらに不純物を加えていない状態ではフェルミエネルギーが価電子帯と伝導帯の中間となる．

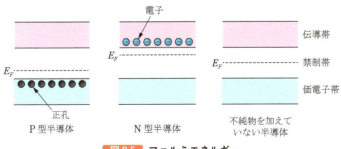

図 8.5　フェルミエネルギー

§ 8.4 PN接合と開放電圧

P型半導体とN型半導体を接合したものを **PN接合** という（図8.6）．正の電荷を帯びた正孔と，負の電荷を帯びた電子とが反応すると消滅し，外部にエネルギーが放出される．P型半導体の正孔は，N型半導体の負電荷に引き寄せられ移動し，N型半導体の電子と反応して消滅し，電荷は中和される．同様に，N型半導体の電子は，P型半導体の正電荷に引き寄せられ移動し，P型半導体の正孔と反応して消滅し，電荷が中和される．すると，接合境界付近に電荷が中和された領域が形成される．これを **空乏層** という．空乏層の両端には正電荷を帯びたP型半導体と負電荷を帯びたN型半導体があるため，P型半導体付近には負電荷が集まり，N型半導体付近には正電荷が引き寄せられる．そのため，相対的に電位差が生まれ，空乏層内部に **内蔵電場** が形成される．

図8.7(上)のように，PN接合した半導体を短絡（ショート）させた回路を考える．このときP型半導体とN型半導体のフェルミエネルギー E_F は一致し，PN接合の結合部分にバンド（帯）が曲がった領域ができる．この部分が空乏層の **内蔵電位（拡散電位）** を表す．太陽光発電パネルのように外部からの光を受けることによって生成された電子と正孔は，この内蔵電位（内蔵電場）により，それぞれN型半導体とP型半導体へ遷移する．電子は短絡回路を経てP型半導体の正孔と反応して消滅する．このようにして短絡された太陽光パネルには電流（短絡電流）が流れる．

また，図8.7(下)のように，PN接合された半導体を外部回路につなげずに開放すると，受光によって生じる電子と正孔はそれぞれN型半導体内とP型半導体内に蓄積される．すると，電荷分布の偏りが大きくなり電位差

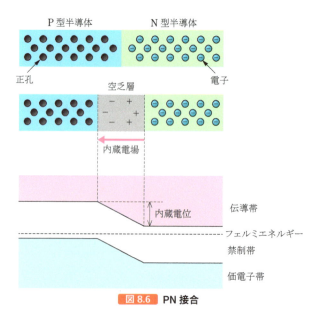

図8.6 PN接合

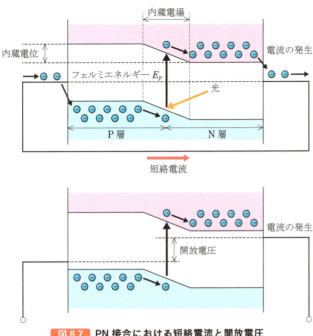

図 8.7 PN 接合における短絡電流と開放電圧

が大きくなる．この電位差を**開放電圧**という．この開放電圧は N 型半導体のフェルミエネルギー E_F と P 型半導体のフェルミエネルギー E_F との差に等しくなる．

通常の太陽光発電では，外部回路に適当な負荷（電気抵抗）をつなげることによって，電流と電圧の双方（つまり電力）を取り出している．

太陽光発電の開放電圧は，基本的に半導体のバンドギャップにほぼ比例する．通常，バンドギャップの単位には電子ボルト（eV）を用いる．ここで，1 eV は 1 個の電子を 1 V の電位差で加速することによって得られる運動エネルギーと等しいと定義されている．半導体内の正孔の電気量は電子（$e = 1.602 \times 10^{-19}$ C）と同じである．このとき開放電圧とバンドギャップは同程度になる．シリコン結晶のバンドギャップは 1.1 eV であるが，太陽光発電の開放電圧は約 0.7 V 程度となる．

シリコン太陽光発電と一口にいっても，開放電圧はその構造*によって変化する．シリコン以外の半導体を用いた太陽光発電もあるが，これらも開放電圧がバンドギャップに相関することが知られている．

このように各セルで開放電圧が生じるが，その値は数 V と低いので，太陽光発電では各セルを直列に接続して全体の電圧を上げている．

*より正確には相構造（単結晶・多結晶・アモルファス）による．多結晶太陽光発電では単位結晶のサイズが小さいため，単結晶太陽光発電と比べて開放電圧は低くなる．アモルファスは非晶質構造だが，バンドギャップが大きいため開放電圧は大きい．

§ 8.5 太陽光発電における特徴的な電流値

太陽光発電で発生する電流量の評価は，電流値を受光面の面積でわった**電流密度**（単位は mA/cm^2）で行われる．たとえばシリコン単結晶での電流密度は $J=40\ mA/cm^2$ 程度で $10\ cm$ 角の太陽光発電セル1個からはおよそ $4\ A$ の電流が発生する．

　この電流密度とバンドギャップの関係は半導体の光吸収特性から理解することができる．**光吸収過程**は，**光電効果**によって価電子帯の電子が伝導帯に励起されることで生じる．光電効果によって電子が励起され電子と正孔が生成される．このとき励起された電子は余分な運動エネルギーを外部に放出して伝導帯の底部で安定化する．

　光子のエネルギー $E=h\nu$（$h=6.626\times10^{-34}\ J\cdot s$ はプランク定数，ν は光の振動数）は，**波動の基本公式** $c=\nu\lambda$（$c=2.998\times10^8\ m/s$ は光の速度，λ は波長）を代入すると $E=h\nu=h\dfrac{c}{\lambda}$ となり，光の波長に反比例することとなる．この関係からわかるように，バンドギャップ E_G が小さいほど長い波長（つまりエネルギーの低い光エネルギー）の光の吸収が起こりやすくなる．シリコン結晶系ではバンドギャップが小さく広い波長域の光吸収が生じるため，シリコン結晶系の太陽光発電パネルが普及している．

例題8.1 シリコン結晶のバンドギャップ $1.1\ eV$ を越えて電子を伝導帯へ遷移させることを考える．光を当てて遷移させるためには何 m 以下の波長をもつ光を照射すればよいかを求めよ．ただし，光の速度は $c=3.00\times10^8\ m/s$，プランク定数は $h=6.63\times10^{-34}\ J\cdot s$，電気素量は $e=1.60\times10^{-19}\ C$，$1.00\ eV=1.60\times10^{-19}\ J$ とする．

....

解答

遷移に最低限必要なエネルギー E は

$$E=1.1\times1.60\times10^{-19}=1.8\times10^{-19}\ J$$

であるから

$$\lambda\leq h\frac{c}{E}=\frac{6.63\times10^{-34}\times3.00\times10^8}{1.8\times10^{-19}}=1.1\times10^{-6}\ m=1.1\ \mu m$$

となる．波長 $\lambda=1.1\ \mu m$ は赤外線であるから，それより波長の短い可視光（太陽光など）を当てればよい．

発展 8.1 光電効果

金属に光を当てると，電流（**光電子**）が流れる現象が1839年に発見された．さらに1888年，物理学者レナートによって，つぎにように詳しく調べられた（図8.8）．

1. 光の振動数がある一定の振動数 ν 以上であるときのみ光電子が流れる．
2. 出てくる光電子の運動エネルギーは振動数に依存するが，電子の個数は増えない．
3. 強い（明るい）光を当てると，飛び出す電子の個数は増えるが，1個あたりの運動エネルギーは変化しない．
4. 光を当てたとたんに光電子が飛び出してくる．

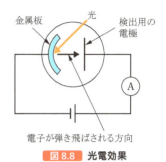

図8.8 光電効果

当時，光は波動がもつ4つの性質（反射・屈折・回折・干渉）を満たしており，マクスウェル方程式から導かれる波動方程式によって説明されると考えられていた．しかし波動論に基づいて考えると，光電子の運動エネルギーは光の強さ（振幅）に比例するはずであり，実験結果を説明できなかった．1905年，アインシュタインは，上記の4条件を満足する仮説として，

光は振動数 ν によって決まるエネルギー E をもつ粒子（**光量子**，**フォトン**）としての性質をもつ

と考えて，光電効果における波動説を退けた．そのエネルギー E は

$$E = h\nu \quad (8.1)$$

で与えられ，h は**プランク定数** $h = 6.626 \times 10^{-34}$ J·s である．このように仮定すると，光の明るさは光子の個数，色の違いは振動数 ν の違いと対応づけられる．光の伝播速度は $c = 2.998 \times 10^8$ m/s で一定なので，波動の基本公式 $c = \nu\lambda$ より，光の波長は $\lambda = c/\nu$ となる．

金属内部から電子を取り出すのに必要な最小のエネルギー W [J] を，その金属の**仕事関数**といい，振動数 ν [Hz] の光を当てたときの最大運動エネルギー E [J] は

$$E = h\nu - W \quad (8.2)$$

となる（図8.9）．

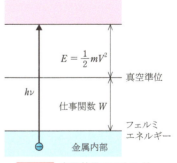

図8.9 光電効果のエネルギー
外部から仕事関数 W を超えたエネルギーが与えられたとき伝導電子が得られる．

§ 8.6 エネルギー変換効率

PN 接合が 1 つだけ（**単接合**という）の太陽光発電における**エネルギー変換効率**（第 12 章 Focus 12.1 参照）は，シリコン単結晶で約 25 %，ガリウムヒ素（GaAs）単結晶で約 29 %である．エネルギー変換効率の理論的な上限値（理論限界効率）は，基本的にバンドギャップにより決まる．計算方法にもよるが，だいたいバンドギャップ近傍の約 1.4 eV 付近で最大値をとる．これは，開放電圧と電流密度のバンドギャップ依存性によって決まる．バンドギャップが小さい場合，光の吸収過程が広い波長領域で生じるため電流密度は増加する．一方，バンドギャップが小さい場合，開放電圧はエネルギーの差が小さくなるので減少する．バンドギャップが大きい場合，これらの逆で電流密度は減少するが，開放電圧は増加する．この特性からバンドギャップが約 1.4 eV 付近で取り出せるエネルギー（正確には消費電力）が最大となる．

バンドギャップ依存性以外にもエネルギー変換効率を低下させる要因がある．光の反射や透過による損失や，光エネルギーの損失，熱への損失などである．また半導体結晶の中に欠陥があると，そこで電子と正孔が消滅しエネルギー変換効率が落ちてしまう．これらを考慮すると，理論的な限界効率はよくてもせいぜい約 30 %までとなる．

参考文献

[1] 総務省統計局ウェブページ：
http://www.stat.go.jp/data/jyutaku/topics/topi863.html
[2] 産業技術総合研究所　太陽光発電工学研究センターウェブページ：
https://unit.aist.go.jp/rcpv/ci/about_pv/output/irradiance.html
[3] 産業技術総合研究所　太陽光発電工学研究センター（編），トコトンやさしい太陽電池の本　第 2 版（今日からモノ知りシリーズ），日刊工業新聞社（2013）

章末問題　69

章末問題

光の速度は $c=3.00\times10^8$ m/s，プランク定数は $h=6.63\times10^{-34}$ J·s，電気素量は $e=1.60\times10^{-19}$ C，電子の質量は $m_e=9.11\times10^{-31}$ kg，1.00 eV $=1.60\times10^{-19}$ J とする．

8.1 波長 λ[m] の光（光子）のエネルギーは何 eV に相当するかを求めよ．

8.2 ナトリウムから光電子を放出させるのに必要なエネルギーが 2.00 eV であるとすると，波長 5000 Å の光を当てたときに放出される光電子の最大エネルギーと最大速度を求めよ．ここで，Å は 10^{-10} m を意味する．

8.3 波長 3000 Å の光が金属に当たって最大エネルギー 2.00 eV の光電子を放出させた場合，仕事関数を求めよ．

8.4 伝導帯にある電子が 1.50 eV 下の価電子帯に落ち込んで光を放射したとする．このとき，光の波長を求めよ．

8.5 太陽光発電のソーラーパネル性能低下速度が平均 0.8 ％/年であるとき，初期性能の 70 ％となるのに何年かかるかを求めよ．

第 9 章

電池の物理学
― 化学反応ポテンシャル ―

ねらい

本章では充放電できる装置である電池を題材として，静電ポテンシャル（つまり電位）を学ぶ.

§ 9.1 化学電池

電池とは，何らかのエネルギーによって直流の電流をもたらす機能をもった電源のことである. 特に，化学反応によって**電位差（電圧）**を得る電池を**化学電池**という. 化学電池は，一度きりしか使えない**一次電池**と，何度か充放電を繰り返すことができる**二次電池**の 2 つに大別することができる（ 表9.1 ）.

電池内で起こっている化学反応には**酸化・還元反応**があり，次節に述べる水の電気分解の逆反応となっている.

表9.1 主な実用化学電池

分類	名　称	陰極	電解質	陽極	起電力	用　途
一次電池	塩化亜鉛乾電池（マンガン乾電池）	Zn	$ZnCl_2$ NH_4Cl	MnO_2	1.5 V	懐中電灯 携帯ラジオ
	アルカリ乾電池	Zn	KOH	MnO_2	1.5 V	リモコン
	リチウム一次電池	Li	リチウム塩	MnO_2	3.0 V	カメラ
	酸化銀電池	Zn	KOH	Ag_2O	1.55 V	クォーツ時計
	空気亜鉛電池	Zn	KOH	空気(O_2)	1.3 V	補聴器
二次電池	鉛蓄電池	Pb	H_2SO_4	PbO_2	2.0 V	自動車のバッテリー
	ニッケル・カドミウム蓄電池	Cd	KOH	NiO(OH)	1.3 V	コードレス電話
	ニッケル・水素蓄電池	水素	KOH	NiO(OH)	1.35 V	ハイブリッドカー
	リチウムイオン二次電池	C_6Li_n	リチウム塩	$LiCoO_2$	3.6 V	携帯電話 電気自動車

［精解化学 I，数研出版（2008）を参考に作成］

🔍 Focus 9.1 電位（静電ポテンシャル）

電位 V は**静電ポテンシャル**とよばれることもある. ポテンシャルという名称がついているが，正確には単位電荷 q_0 [C] あたりのポテンシャルエネルギー U という意味で，静電気力がする仕事 W との間には

$$dW = -dU = -\{q_0 \times dV\} \tag{9.1}$$

の関係がある．つまり単位は V=J/C となる．

> **発展 9.2 静電ポテンシャルの定義**
>
> 一般に，位置 $\vec{r}_P$ での電位 V_P は，無限遠方では電場 $\vec{E}$ の影響を無視できるので，無限遠方を基準の 0 V として
>
> $$V_P = -\int_{\infty}^{\vec{r}_P} \vec{E} \cdot d\vec{r} \tag{9.2}$$
>
> で定義される．

§ 9.2 水の電気分解

水酸化ナトリウム NaOH を溶した水に電流を流すと，水素と酸素が 2:1 の比で発生する．この現象を**水の電気分解**という．電解溶液中の水酸化ナトリウムは

$$\text{NaOH} \longrightarrow \text{Na}^+ + \text{OH}^-$$

のように，プラス 1 価のナトリウムイオン Na$^+$ とマイナス 1 価の水酸化物イオン（水酸イオン）OH$^-$ に電離する（図 9.1）．また，水 H$_2$O の一部も

$$\text{H}_2\text{O} \longrightarrow \text{H}^+ + \text{OH}^-$$

のように，プラス 1 価の水素イオン H$^+$ とマイナス 1 価の水酸化物イオン OH$^-$ に電離する．

両極間に生じた電場によって，これらのイオンが水溶液中で移動する．それぞれの極では酸化・還元反応が生じる．酸素 O$_2$ と結合する反応を**酸化反応**といい，O$_2$ と分離する反応を**還元反応**という．酸化反応は水素 H$_2$ を放出する反応であり，還元反応は H$_2$ と結合する反応である．

さらに一般化して電子の授受によっても酸化・還元反応を定義できる．酸化反応はイオンが電子を放出する反応であり，還元反応はイオンが電子を受け取る反応である．よって，水の電気分解の陽極では OH$^-$ が電子を陽極に与えているので酸化反応が生じ，陰極では H$^+$ が電子を受け取っているので還元反応が生じているとみなることができる（図 9.2）．

陽極では 4 つの OH$^-$ が酸化されて

$$4\text{OH}^- \longrightarrow 2\text{H}_2\text{O} + \text{O}_2 + 4e^- \tag{9.3}$$

という反応が生じ，O$_2$ が発生する．陰極では 4 つの H$^+$ が還元されて

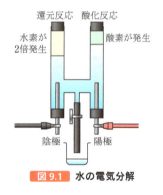

図 9.1 水の電気分解

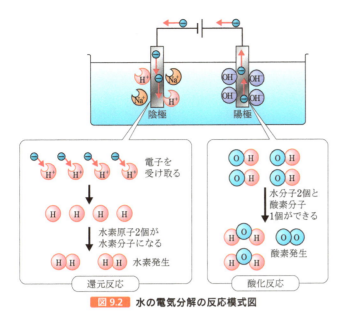

図 9.2 水の電気分解の反応模式図

$$4H^+ + 4e^- \longrightarrow 2H_2 \quad (9.4)$$

という反応が生じ，2つの H_2 が生じる．両極をまとめると

$$(4H_2O \longrightarrow) \; 4OH^- + 4H^+ \longrightarrow 2H_2 + O_2 + 2H_2O \quad (9.5)$$

が得られ，水素と酸素が 2:1 の比であることがわかる．ここで1つの疑問が浮かぶ．陰極に引き寄せられたであろう Na^+ が還元されて（炭素棒などの）極部材表面に析出*しないのであろうか．結論からいうと，ナトリウムは水溶液中でイオンであり続けようとする性質（**イオン化傾向**）が大きいので，析出せずにイオンであり続けるのである．イオン化傾向は電池を理解するうえでの重要な概念となる．

*金属イオン同士が結合して現われること．

§ 9.3 イオン化傾向

金属が水に溶けて水溶液になったとき，電離してイオンになりやすい性質を順に並べたものがイオン化傾向（イオン化系列）である（図 9.3）．

前節で考えた電気分解ではなく，その逆反応である電池を考える場合，イオン化傾向が高いもの（先にイオンになる金属）が陰極になる．電池の場合，陰極では酸化反応が生じ，陽極では還元反応が生じることに注意が必要である．電子を放出して酸化された元素のほうが，電子を受け取って還元された元素よりイオン化傾向が大きい（酸化還元電位の大小に依存する）．

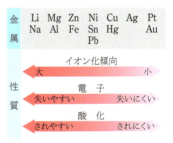

図 9.3 金属の反応性とイオン化傾向

> **参考 9.3 酸化反応と還元反応**
>
> 酸化反応と還元反応のエネルギー差が大きい場合ほど起電力が大きくなる．
>
> 例　マンガン乾電池
>
> 酸化反応のエネルギー（陰極）　　−1.23 V　亜鉛 Zn
> 　　↓電子が放出される反応が自発的に進む
> 還元反応のエネルギー（陽極）　　＋0.15 V　二酸化マンガン MnO_2
>
> ここで，電位 V の表示は NHE（Normal Hydrogen Electrode，**標準水素電極**）によっている（図 9.4）．
>
> このときマンガン電池の陽極と陰極との間の電位差は
>
> $$0.15 - (-1.23) = 1.38 \text{ V} \approx 1.5 \text{ V}$$
>
> となる．
>
>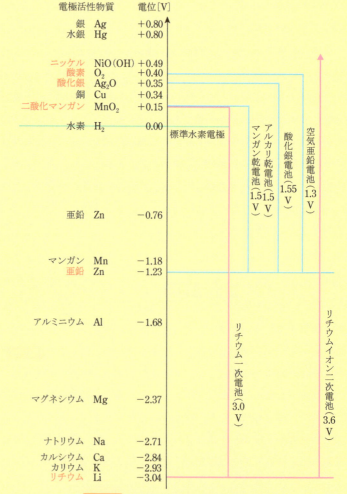
>
> **図 9.4** 標準水素電極と乾電池の起電力
> ［電池が一番わかる（しくみ図解），技術評論社（2009）を参考に作成］

§ 9.4 内部抵抗と電池容量

　一般に電池の電圧は電流を流すと下がる．低くなった電圧は**過電圧**や，**内部抵抗による電圧降下**とよばれる．内部抵抗による電圧降下の原因は電極表面で析出される生成物質などの電気抵抗成分によっている．

　電池が供給可能なエネルギーの総量をその**電池容量**という．容量は電池の素材の種類と量に従って，ファラデーの電気分解の法則「1 グラム当量*の物質が析出するのに必要な電気量は物質の量によらず一定で，**ファラデー定数** $F = 9.649 \times 10^4$ C/mol となる」から求めることができる．

　たとえば，マンガンのモル質量は 54.9 g/mol で原子価が 2 であるので，マンガンの 1 グラム当量は $54.9 \div 2 = 27.5$ g/mol，また亜鉛では 32.7 g/mol となる．つまりマンガン 27.5 g，亜鉛 32.7 g を完全に電気分解すると，9.649×10^4 C の電荷が生じる．1 C の電荷量とは 1 秒間に 1 A の電流が流れる電荷量であるので，9.649×10^4 C が 1 時間（すなわち 3600 秒）かけて移動したとすると

$$I = \frac{96490 \text{ C}}{3600 \text{ s}} = 26.8 \text{ A} \tag{9.6}$$

の電流に相当する．このように，極を構成する元素とその量に応じて，電池の容量の上限値が定まる．実際の反応では理論通りとはいかないが，理論の上限値を目指して技術を日々向上させている．

　電池の容量は 1 時間で放電しつくしてしまうことを仮定した電流量で表示されることが一般的で，Ah（アンペア・アワー）や mAh（ミリ・アンペア・アワー）という単位が用いられている．たとえばノートパソコンに搭載されている電池に「7.2 V，5000 mAh」と表記されているならば，7.2 V の電位差で 5000 mA の電流を 1 時間継続できるということである．このときの消費電力 P [W] は

$$\begin{aligned} P[\text{W}] &= I[\text{A}] \times V[\text{V}] \\ &= 5000 \text{ mA} \times 7.2 \text{ V} \\ &= 36 \text{ W} = 36 \text{ J/s} \end{aligned}$$

であり，これを 1 時間持続できるので

$$\begin{aligned} W[\text{J}] &= P[\text{J/s}] \times 3600 \text{ s} \\ &= 1.3 \times 10^5 \text{ J} \end{aligned}$$

のエネルギーが電池に蓄えられていることになる．

　高いところに物体をおいてそれを落として運動エネルギーを得るのと同じように，電池は電位の高い状態に多くの電荷を蓄えておき，それを流すことによって電気的エネルギーを供給しているのである．

*1 mol 分の質量であるモル質量を原子価（化学反応に寄与する電子の数）で割った値．

> **例題9.1** スマートフォンに内蔵されているバッテリーパックには「3.82 V, 6.91 Wh」と書かれている．6.91 Wh（ワット・アワー）とは，1時間6.91 Wの電力を供給できるということである．それでは，充電されているとき，このバッテリーパックに蓄えられているエネルギーを求めよ．
>
> **解答**
> $6.91 \times 3600 = 24876 \fallingdotseq 2.49 \times 10^4$ J

§ 9.5 アルカリ乾電池

一次化学電池の例として現在もっとも一般的な**アルカリ乾電池**について紹介する．図9.5 に示すように，陽極に二酸化マンガン MnO_2，陰極に亜鉛 Zn の粉末，電解質に水酸化カリウム KOH を用いている．

日本工業規格（JIS）ではアルカリマンガン電池という．マンガン乾電池より高いエネルギー密度[*]をもち，一般に長寿命である．モーター駆動など連続的な電流が流れる携帯機器に適している．1959年アメリカのエバレディ・バッテリー社（現在のエナジャイザー社）が開発し，日本では1963年に国産品が製造開始されている．

[*] ここでは単位体積あたりのエネルギーや，単位質量あたりのエネルギーのことである．

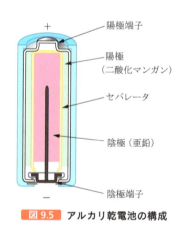

図9.5 アルカリ乾電池の構成

§ 9.6 リチウムイオン電池

つぎに二次電池の例としてノートパソコン，携帯電話，電気自動車に用いられるリチウムイオン電池を紹介する．正確には**リチウムイオン二次電池**（Lithium-Ion Rechargeable Battery, LIB）という．単にリチウム電池といった場合は別物を指すことがあるので注意が必要である．身の回りの

デジタルカメラやビデオの電池パックや携帯電話やスマートフォンにリチウムイオン電池が使われている．化学的に反応が活発な成分が含まれており発火・破裂などの危険性があるので分解などはしないことと，希少金属が含まれるのできちんとリサイクル処理することが望ましい．

リチウムイオン電池と一言でいっても，市場に出回っているものでも数多くの種類があり，さらに研究開発段階のものもある．代表的な構成は陽極にリチウム遷移金属複合酸化物 $LiCoO_2$，陰極に炭素素材 C_6Li_n，電解質に有機溶媒（リチウム塩）などの非水電解質を用いたものである．例として，ガス排出弁を備えたリチウムイオン電池を 図9.6 に示す．

携帯デバイスの発展により小型で軽量な二次電池が求められ，その需要に応えるように開発されたのがリチウムイオン電池である．そのためリチウムイオン電池は体積的にも質量的にも非常に高いエネルギー密度（250〜676 Wh/L・100〜242 Wh/kg）をもっている．過放電や過充電には注意が必要で，そのための保護回路や制御回路が必須となっており，応用機器には備わっている．安易に取り出して単体で使用したりすることは危険なので絶対にやめよう．

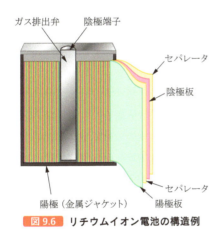

図9.6 リチウムイオン電池の構造例

§ 9.7 燃料電池

近年普及し始めた**燃料電池**（Fuel Cell, FC）について紹介する．燃料電池の原理は「水の電気分解」の逆の化学反応である．この化学反応は大雑把にいうと，分子同士が新たに結合すると熱を出す反応（発熱反応）で，エネルギーを外部に供給する．

$$2H_2 + O_2 \longrightarrow 2H_2O + 572\,kJ \tag{9.7}$$

図9.7 のように，活物質*としての水素と酸素が外部から供給され続けるのが特徴である．これまで学んできたアルカリ乾電池やリチウムイオン電池のような製造時での有限な活物質の活性が失われれば寿命が尽きると

*電気を起こす反応に関与する物質．

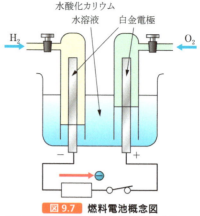

図 9.7　燃料電池概念図
活物質としての酸素と水素が外部から供給されて，化学反応して水と電流が産生される．

いうことがない．また内燃機関のような熱エネルギーの過程を経ないので熱力学第2法則の「エネルギー変換の効率は可逆過程であるカルノーサイクルの効率を越えることはない」（第11章 Focus11.5 参照）といったエネルギー変換の上限に拘束されない．

§ 9.8　物理法則と電池

さてここまで水の電気分解から始めて，アルカリ乾電池の仕組み，リチウムイオン電池の仕組みや特性について学んできた．それは結局，電極を構成する物質と電解液の成分物質との化学結合力のエネルギー差を電位として取り出していることがわかる．

次章以降で学ぶエントロピー増大則から，エネルギーはその形態を永遠に保つことができない．電気的エネルギーも当然そうである．山間部に水を蓄えておいて必要に応じて流して発電に用いたりするのは，人類の知恵である．電池もそれに似ており電気的な仕事を化学結合のエネルギーの形に蓄えておいて必要な時に電気的エネルギーとして利用している．

1800年にイタリアのボルタが銅と亜鉛の間に硫酸を含んだ紙や布を挟むと電流が流れることを発見した．さらにこれらを積み上げると電圧を上げることができた（**ボルタの電堆**）．ボルタの電堆によって人類は定常電流を手にすることができるようになり，のちにアンペールの法則やファラデーの電磁誘導の法則の発見へとつながった．これらは電磁気学の重要な基礎であり，ひいては文明社会の基礎となった．

これまで見てきたように電池は電気的エネルギーの缶詰である．大きな電位差で大量の電荷（自由電子）を詰めこめられるほど多くのエネルギーを蓄えることになる．つまり，高電圧で多くの電流を流すことができれば高いパワーを得ることができる．次世代の電池には，より単位体積あたり

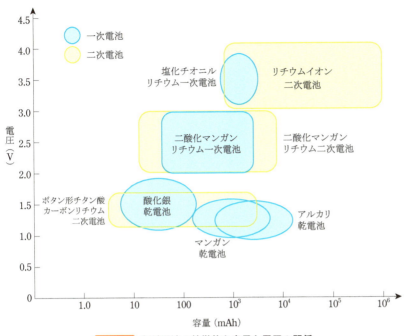

図 9.8 各種電池の特徴的な容量と電圧の関係
［電池が一番わかる（しくみ図解），技術評論社（2009）を参考に作成］

のエネルギー密度や単位質量あたりのエネルギー密度の高い素材が求められている（**図 9.8**）．

参考文献

[1] 精解化学 I，数研出版（2008）
[2] 京極一樹（著），電池が一番わかる（しくみ図解），技術評論社（2009）
[3] 国立天文台（編），理科年表 平成 26 年，丸善出版（2014）

章末問題

9.1 化学反応における反応熱および各物質の状態を付した化学反応式を**熱化学方程式**という．1 mol の水素 H_2 が酸化（つまり燃焼）すると，水 H_2O（液体）ができて 286 kJ の熱が発生する．この反応の熱化学方程式を求めよ．

9.2 硫酸銅（II）［$CuSO_4 \longrightarrow Cu^{2+} + SO_4^{2-}$］の水溶液を 1.0 A の電流で 10 分間電気分解した．ここで，ファラデー定数を 9.65×10^4 C/mol とする．流れた電荷量を求めよ．また，その電子が何 mol に相当するかを答えよ．

9.3 問題 9.2 の電気分解において，陽極および陰極それぞれに生成する物質と電子 1 mol あたりの質量を求めよ．ただし，酸素分子 O_2 のモル質量を 32 g/mol，銅原子のモル質量を 63.5 g/mol とする．

第 10 章 生命維持とエネルギー
—熱力学入門—

ねらい

本章では，生体の代謝現象を題材として，ポテンシャルエネルギーおよび熱力学の基礎を学ぶ．生体内の化学反応である代謝によって人間は生命を維持している．これらの化学反応は熱力学の法則を満たしている．熱力学の法則から代謝の促進や阻害を理解することができる．

§ 10.1 熱量と代謝

我々は食事や呼吸をして日々生きている．食事をして栄養を取り込み，呼吸をして酸素と栄養素を化学反応させてエネルギーを得ている．成人が1日に必要な**熱量（カロリー，cal）**は，成人男性で 1720 kcal〜2680 kcal，成人女性で 1020 kcal〜2300 kcal 程度となる[1]．

熱量の定義は，「水 1 g を 14.5 ℃ から 15.5 ℃ に上昇させるのに必要な熱量の単位を 1 cal とする」である．熱もエネルギーの一形態であることが物理学者プレスコット・ジュールによって確認され，エネルギー保存則が確立された．

図 10.1 を見てみよう．身体を構成するすべての細胞は，外部から栄養素としてエネルギーを取り入れなければならない．細胞は外部環境から取り入れたエネルギーを化学的に変換して利用している．化学結合の分解や細胞膜を越えての物質輸送などを通じてエネルギーを得ている．生体内の**ポテンシャルエネルギー**は化学結合・濃度勾配・電荷の不均衡などの形態で保持されている．このポテンシャルエネルギーは筋肉運動などの**運動エ**

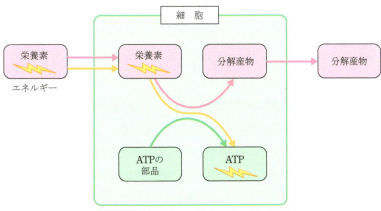

図 10.1 細胞を取り巻くエネルギー代謝

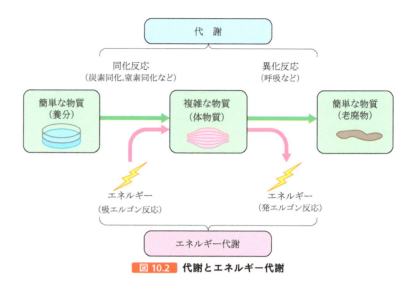

図 10.2　代謝とエネルギー代謝

ネルギーなどに変換される．

　細胞の中で生じている化学反応の全体を**代謝**という．図 10.2 のように，代謝には**同化反応**と**異化反応**の 2 つがある．同化反応は単純な分子から複雑な分子を構成する化学反応であり，同化反応によって外部からのエネルギーを化学結合の中に蓄える．異化反応は複雑な分子が単純な分子に分解する化学反応であり，異化反応によって化学結合中に蓄えられていたエネルギーが細胞外に放出される．

Focus 10.1　ポテンシャルエネルギーと保存力

　ポテンシャルエネルギーとは，系に内在しているエネルギーのことである．ポテンシャルエネルギーは方向性をもたないスカラー量であるが，ポテンシャルエネルギー U の空間的な変化を見ることによって，力 $\vec{F}$ というベクトル量を誘導できる．

$$\vec{F} = -\frac{\partial U}{\partial \vec{r}} \tag{10.1}$$

ここで，力 $\vec{F}$ は**保存力**である．保存力によってなされた仕事は，初期位置と最終位置のみで決まり，途中の運動経路に依存しないという特徴がある．

Focus 10.2　熱力学入門一歩前

　力学は，2 つの物体（2 質点系）に関しては正確に（厳密に）解くことができる．しかし 3 つ以上の物体が相互に影響し合う場合は，一般に厳密に解くことができない．このため個体数が増えれば増えるほど，力学で用いる位置・速度・加速度などといった物理量を予言することが困難になる．しかし，個体数をどんどん増やしていくと，物質

個々の細かいことは粗視化・単純化されるのと引き換えに，統計的な性質が現われて巨視的な（マクロスコピックな）自然法則が現われる．この巨視系（マクロな系）に対して見えてきた自然法則こそが**熱力学**である．熱力学は，第0法則から第3法則までの4つの法則を基本として構成される．

§ 10.2 細胞内の熱力学

細胞内の化学反応は多種多様であり，マクロな系の自然法則である熱力学に従う．

熱力学第1法則（第11章 Focus11.2 参照）はエネルギー保存則であり，「エネルギー変換の前後でエネルギーの総和は変化しない」ことを表している．糖質の化学結合のポテンシャルエネルギーは，**アデノシン3リン酸**（ATP, adenosine triphosphate）（ 図10.3 ）中のポテンシャルエネルギーに変換される．

熱力学第2法則（第11章 Focus11.4 参照）は，エネルギーがある形態から別の形態へ変換される際に，そのエネルギーの一部は仕事に使えなくなることを表している．言い換えると，「どんなエネルギー変換過程でも変換効率が100％には達しえない」と表現される．エネルギー変換後の利用可能なエネルギーを**自由エネルギー**という．変換を繰り返すと，自由エネルギーが減少し，利用できないエネルギーが増大する．このとき無秩序さが増大する．これを**エントロピー増大則**という．

エントロピー増大則と代謝（同化反応と異化反応）とが，どのように関係しているのかもう少し詳しく見てみよう．

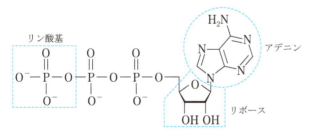

図10.3　アデノシン3リン酸（ATP）
ATPは生命体内のエネルギー通貨である．ATP分子は窒素性塩基アデニンがリボース（糖質）と結合し，そのリボースに3つのリン酸基が並んで結合している分子である．モル質量は507.181 g/mol である．

84 第10章 生命維持とエネルギー

§ 10.3 ギブスの自由エネルギー, エンタルピー, エントロピーの関係

利用可能な自由エネルギー G (**ギブスの自由エネルギー**) と利用不可能なエネルギー TS との総和を**エンタルピー** H という. ここで, S は**エントロピー**, T は**絶対温度**である. よって

$$H = G + TS \tag{10.2}$$

となる.

代謝反応にとって重要なのは, 自由エネルギー G であるので,

$$G = H - TS \tag{10.3}$$

について考える. 自由エネルギー G の値を直接測定することはできないが, 一定条件下 (たとえば一定温度の下) においては, G の変化量 ΔG を測定することができる. 化学反応の自由エネルギーの変化量 ΔG は, 変換後の産物がもつ自由エネルギー $G_{(産物)}$ と変換前の反応物がもつ自由エネルギー $G_{(反応物)}$ の差に等しい. つまり

$$\Delta G_{(反応)} = G_{(産物)} - G_{(反応物)} \tag{10.4}$$

*1 このように科学に出てくる量 A の**変化量** ΔA (Δ はギリシャ文字でデルタと読む) は, つねに変化後の $A_{(後)}$ から変化前の $A_{(前)}$ を引いた差と定義される. つまり $\Delta A = A_{(後)} - A_{(前)}$ である.

である[*1]. 一定温度のもとでは $\Delta G > 0$ の場合は外部からエネルギーを供給する必要があり, もし必要なエネルギーが得られなければ, その反応は生じない. また $\Delta G < 0$ の場合は自由エネルギーが放出される.

また, エンタルピー H の変化量 ΔH は, $\Delta H > 0$ の場合はその系に与えられたエネルギーの総量を表し, $\Delta H < 0$ の場合はその系から放出されたエネルギーの総量を表す. 絶対温度 T はつねに正の量 ($T > 0$) なので, エントロピーの変化量 ΔS の符号 (プラスかマイナスか) によって式(10.3)の第2項の符号が決まる.

*2 反応物に水が反応し, 分解生成物が得られる反応. このとき水分子 H_2O は, 生成物上で H (プロトン成分) と OH (水酸化物成分) とに分割して取り込まれる.
化合物 AB が極性をもち, A が陽性, B が陰性であるとき, AB が水 H_2O と反応すると, A は OH と結合し, B は H と結合する形式の反応が一般的である.
$$AB + H_2O \longrightarrow AOH + BH$$

*3 アミノ酸同士が脱水結合して形成される結合.

たとえばたんぱく質がアミノ酸に加水分解[*2]される場合, アミノ酸は自由に動き回れるようになるので, 加水分解反応後の系は乱雑さが増大している. このときエントロピー変化 ΔS はプラスとなる. ある化学反応においてエントロピーが増大する ($\Delta S > 0$) 場合, その産物は反応物と比べて無秩序で乱雑である. 一方, 産物のほうが反応物に比べて数が少なく運動が制限されている場合, ΔS はマイナスとなる. たとえば多数のアミノ酸分子がペプチド結合[*3]によって結合してできたたんぱく質分子は, その材料 (反応物) となる数多くのアミノ酸の溶液と比べると, 反応後の産物の運動学的な自由度は低くなり, このような場合エントロピー変化 ΔS はマイナスとなる.

§10.4 化学反応と化学平衡

　一般にエネルギー変換によって無秩序さあるいは乱雑さは増大する．この無秩序さが増大する傾向によって物理的過程や化学的過程の方向が決定される．これによりある方向の反応が進み，その反対方向の反応が進まないことが説明できる．人体1kgを構成するためには，生体材料を約10kg必要とし，その過程でこれらはCO_2やH_2Oなどの単純な分子に変換される．このとき代謝反応により人体1kgよりもはるかに大きな無秩序が作り出される．この変換には大量のエネルギーが必要で，生命は秩序を維持するためにつねに外部からのエネルギーを必要とする．たとえば，アミノ酸からのタンパク質を合成するなどである．同化反応により，多数のアミノ酸などの小さな反応物（より乱雑な分子）から，タンパク質などの秩序立った産物が産出される．このように自由エネルギーが必要とされる反応は**吸エルゴン反応（吸エネルギー反応）**とよばれる（**非自発反応**ともよばれる）（図10.4）．

　一方，異化反応によってタンパク質のような秩序だった反応物がアミノ酸などのより小さくて乱雑に分布する産物に分解される．自由エネルギーを放出する異化反応は**発エルゴン反応（発エネルギー反応）**とよばれる（**自発反応**ともよばれる）（図10.5）．

　A→Bを正反応，B→Aを逆反応とすると，化学反応は両方とも起こりうる．しかし，Aの濃度がBの濃度より大きい場合，正反応のほうが逆反応より反応速度が大きくなる．正反応と逆反応のバランスがとれた状態を**化学平衡**という．このとき，正味の変換が見出せないので

$$\Delta G = 0 \qquad (10.5)$$

となる．反応の平衡点は放出される自由エネルギーに関係している．たとえば，発エルゴン反応によって自由エネルギーGが減少したとする．すると，自由エネルギーを消費する逆反応の吸エルゴン反応が増加していき自由エネルギーGが増大する．結果，系全体では$\Delta G=0$の状態に近づいて

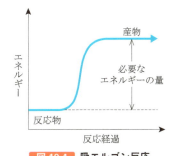

図10.4　吸エルゴン反応
反応物が高エネルギー状態の産物に変換される吸エルゴン反応では，エネルギーを外部から与えなければならない．

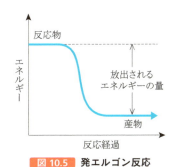

図10.5　発エルゴン反応
反応物が低エネルギー状態の産物を産生する発エルゴン反応では，エネルギーが外部へ放出される．

86　第10章　生命維持とエネルギー

いく．$\Delta G=0$ となると，両方の反応速度がつり合い，反応が停止したように見える．

§ 10.5　ATPによる生命の駆動

　エネルギー通貨である ATP の役割は，ある発エルゴン反応で放出された自由エネルギーの一部を ATP の形で獲得し，その分解で放出される自由エネルギーを使って吸エルゴン反応を駆動させることである．細胞は活動するために毎秒数百万個の ATP 分子を必要とする．そして ATP 分子は合成されてから平均 1 秒以内に消費される．また安静時に平均的な人は 1 日あたり 40 kg（人によっては体重と同じくらい）の ATP の合成・加水分解を行う．ATP 分子は合成・加水分解のサイクルを毎日 1 万回程度繰り返している．

　ATP についてもう少し詳しく見てみよう．糖質や脂質は ATP に変換される．ATP の形になっていないと生体はエネルギーを利用できない．ATP は加水分解されたときに大量のエネルギーを放出する．また，ATP は多くの異なる分子をリン酸化[*1]できる（図 10.6）．

　ATP の加水分解によって自由エネルギーが放出され，ADP（アデノシン二リン酸）と無機リン酸イオン（このイオン HPO_4^{2-} は Pi と省略される）が産生される．

$$ATP+H_2O \longrightarrow ADP+Pi+自由エネルギー（-7.3\,kcal/mol）$$

(10.6)

　この反応[*2]は自由エネルギーを放出する発エルゴン反応である．自由エネルギー変化（ΔG）は，およそ $-7.3\,kcal/mol$（$=-30\,kJ/mol$）である．リン酸基間の P-O 結合（リン酸無水物結合）の自由エネルギーは加水分解の後で形成される H-O 結合のエネルギーよりもはるかに大きい．そのため加水分解により，利用可能なエネルギーが放出される．リン酸はマイナスに荷電し互いに反発し合うのでリン酸同士を近づけて，それらの間に共有結合を作らせる（たとえば ADP にリン酸を付加して ATP を合成する）にはエネルギーを必要とする．また，ATP は吸エルゴン反応と発エルゴン反応を頻繁に繰り返す．ATP の加水分解の逆反応

$$ADP+Pi+自由エネルギー（-7.3\,kcal/mol） \longrightarrow ATP+H_2O$$

(10.7)

は ATP の加水分解で放出される自由エネルギーと同じ自由エネルギーを必要とする．

図 10.6　リン酸基

[*1] リン酸化とは，各種の有機化合物，なかでも特にタンパク質にリン酸基 $H_2PO_4^-$ を付加させる化学反応である．ATP の合成（ADP へのリン酸化）を単にリン酸化とよぶこともある．

[*2] $-30\,kJ/mol=-31\,eV/個$

参考文献

[1] 日本医師会ウェブページ　推定エネルギー必要量：
https://www.med.or.jp/forest/health/eat/01.html
[2] D. サダファ（著），石崎泰樹，丸山敬（訳），アメリカ版　大学生物学の教科書　第
1 巻細胞生物学，講談社（2010）

章末問題

10.1 物理学者エンリコ・フェルミは，「大雑把な道筋を仮定して，桁の見積もりができることが大切である」と主張した．これを**フェルミ推定**という．ここでは，以下の準備に答えながら，ATP の分解によって得られるエネルギーの総量を見積もり，問いに答えよ．ただし，アボガドロ定数 $N_A = 6.02 \times 10^{23}$ 個/mol を用いよ．

準備(1)　ATP のモル質量 507.181 g/mol は 1 分子あたり何 kg に相当するか．

準備(2)　ATP 40 kg は ATP 分子何個に相当するか．

準備(3)　人間の細胞数は約 60 兆（$= 6.0 \times 10^{13}$）個あるといわれている．すると，細胞 1 個あたり何個の ATP 分子があると考えられるか．ただし，人間は 1 日あたり 40 kg の ATP の合成・加水分解を行うと仮定せよ．

準備(4)　ATP の加水分解で放出される自由エネルギー G は 30 kJ/mol である．これは **1 反応子**[*]あたり何 J に相当するか．

準備(5)　1 つの ATP 分子は加水分解を 1 日に 1 万（$= 10^4$）回繰り返す．これは，ATP 分子が 1 日に何 J 生み出すことに相当するか．

準備(6)　ATP 40 kg から 1 日に生み出されるエネルギーは何 J に相当するか．

(1) 準備(6)で求めたエネルギーは何 cal/日か．さらに，これを 1 秒あたりの cal/s へ直せ．熱の仕事当量を 4.186 J/cal として求めよ．

(2) 体重 60 kg（$= 6.0 \times 10^4$ g）の人が 100 ％水でできていたとすると，問(1)で求めた仕事率は 1 秒間あたり何度の体温上昇することができることに相当するか．熱 Q[cal] と温度 T[K] の間には，比熱 c[cal/(g·K)] と質量 m[g] を用いて，$\Delta Q = cm\Delta T$ の関係があるものとする（第 11 章式(11.4)参照）．ただし，水の比熱 1.00 cal/(g·K) を用いよ．

[*]相互作用に関わる粒子（量子）．

第 11 章
お風呂の物理学
―熱平衡と熱放射―

ねらい

　お風呂の効用を大別すると，「体を温める」ことと，「体をきれいにする」ことであろう．前者は「熱伝導のすえの熱平衡」に対応し，後者は「洗浄によるエントロピーの低下」に対応する．いずれにしても，熱力学の法則に関係している．本章では，お風呂を題材として，熱力学について学ぶ．

§ 11.1 熱伝導

　湿度が高い気候や，温泉が湧き出る場所が多いなどの地理的要因もあり，日本人はお風呂好きだといわれている．本章では，お風呂の熱力学的な側面に注目していきたい．熱力学的な側面に注目すると，温まるという温度にかかわる部分と，きれいにするというエントロピーにかかわる部分とが考えられる．

　まず温まるという温度にかかわる部分について考えよう．そもそも温度とは何であろうか．**温度**とは，熱力学的な解釈ではその系を構成する原子・分子の運動エネルギーの平均を表す状態量である．一方，**熱量（カロリー，cal）** とは，エネルギーの一形態であり，エネルギーの単位であるジュール（J）との変換はつぎの**熱の仕事当量**で表される．

$$1\,\mathrm{cal} = 4.186\,\mathrm{J} \qquad (11.1)$$

つまり，お風呂で温まるということは，熱エネルギーがお湯から人間の体に移るということである．

　さて，熱というエネルギー形態の伝わり方（**熱伝導形態**）は大きく分けて 3 つある．1 つ目が接触による**熱伝導**であり，2 つ目が加熱された物質が流動することによって熱を伝達する**対流**であり，3 つ目が電磁波の形で熱エネルギーを伝達する**熱放射**である．お風呂で温まるというときは熱伝導による熱エネルギーの移行であり，お湯を沸かすときには対流によるお湯の温度分布の均一化が不可欠である．

Focus 11.1 熱力学第0法則

物を温めたり冷やしたりしたとき，十分に時間が経つとなじんで変化が何も起こっていないように見える状態になる．このような落ち着いた状態を**熱平衡状態**という．熱平衡状態が自然界に確かに存在すると宣言したものが**熱力学第0法則**である．より厳密には，「物体Aと物体B，物体Bと物体Cが熱平衡状態であるならば，物体Aと物体Cも熱平衡状態である」と表現される．熱平衡状態において，熱力学に登場する巨視的な物理量（**状態量**）（たとえば，温度 T, 圧力 p, 体積 V など）を定めることができる．

Focus 11.2 熱力学第1法則

熱力学第1法則はエネルギー保存則を表している．式で表すと

$$dU = dQ - dW \tag{11.2}$$

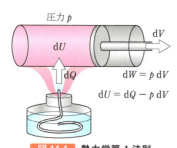

図 11.1 熱力学第1法則
外部から熱量 dQ を取り入れて，内部エネルギーが dU 分上昇し，圧力 p を保つと体積 V が増加する (dV>0). その結果，シリンダーを押し出し外部への仕事 dW を行う．

となる（**図 11.1**）．ここで，dU は系の**内部に含まれている内部エネルギー** U の変化量，dQ は**外部から系に入る熱量** Q の変化量，dW は**系が外部にする仕事** W の変化量である．

内部エネルギーをコップの中の水を具体例として説明する．たとえば，静止しているコップの中の水ならば水全体は運動しておらず，水全体の運動エネルギーはないが，水分子は活発に動き回っていて各水分子は**運動エネルギー**をもっている．また，水分子 H_2O には水素Hと酸素Oとの化学結合が2つある．言い換えると，2つの**化学結合エネルギー**をもっている．さらに，原子核内の陽子と中性子との間に**核力による結合エネルギーがある**．各粒子の静止質量 m は，$E=mc^2$ の関係から大きなエネルギーをもっている．このように，系全体では静的であってもその中に含まれるエネルギー形態は実にさまざまであり，その総量も莫大なものとなる．そのため，すべてを数え上げることはとても困難なので変化量にだけ注目するのである．

§ 11.2 熱容量と比熱

熱容量 C とは，その物質の温めにくさ・冷めにくさを表す量で，出入りした熱量 Q [cal] の絶対温度[*1] T [K] に対する比で定義される．つまり

$$C\left[\frac{\text{cal}}{\text{K}}\right] = \frac{Q[\text{cal}]}{T[\text{K}]} \tag{11.3}$$

となる．熱容量は物体の量が多ければ多いほど大きい値となる．そこで 1 g あたりの熱容量を**比熱** c [cal/(g·K)] という．比熱は物質ごとに定まる物質固有の量である[*2]．水の比熱は 20 ℃付近の常温で約 1.00 cal/(g·K) であるため，水を基準に熱量の単位 cal を「1 g の水を 1 ℃（厳密には 14.5 ℃から 15.5 ℃に）上昇させるのに必要な熱を 1 cal とする」と定義する．

表 11.1 は，25 ℃の大気圧中でのさまざまな物質の比熱である．表 11.1 より，水の比熱が 1 番大きいことがわかる．これは非常に重要な性質で，自然界中で水がもっとも温めにくく冷めにくいことを意味している．この性質のおかげで，地球は海洋の温度や気温が昼夜においても，たいして変わらないのである[*3]．

すると，比熱 c を用いて

$$dQ = cm\,dT \tag{11.4}$$

[*1] 絶対温度 T は，可逆サイクルにおける効率から定められる温度で，ケルビン温度ともよばれる．セルシウス温度 t [℃] との関係は，t [℃] = T [K] − 273.15 で定義される．

[*2] 厳密には，比熱は温度・圧力・体積に依存するので，それらを共通にした場合の固有の値をとる．

[*3] 水のない月の表面では，日陰と日向の温度差は約 200 ℃にもおよぶ．このような環境ではタンパク質を基質とした生命体は生き残れない．生命の惑星であるためには，水の惑星であることが必要である．

表 11.1 25 ℃の大気圧中でのさまざまな物質の比熱

物質	比熱	
	J/(kg·K)	cal/(g·K)
アルミニウム	900	0.215
ベリリウム	1830	0.436
カドミウム	230	0.055
銅	387	0.0924
ゲルマニウム	322	0.077
金	129	0.0308
鉄	448	0.107
鉛	128	0.0305
シリコン	703	0.168
銀	234	0.056
真鍮（しんちゅう）	380	0.092
木	1700	0.41
ガラス	837	0.200
氷（−5 ℃）	2090	0.50
大理石	860	0.21
エチルアルコール	2400	0.58
水銀	140	0.033
水	4186	1.00

* $\dfrac{\text{cal}}{\text{g·K}} = 4.186 \dfrac{\text{J}}{\text{kg·K}}$ の関係がある．

[出典：科学者と技術者のための物理学 (2)，学術図書出版社 (1995)]

の関係式が得られる．ここで，m は質量である．熱量 Q はエネルギーなので，エネルギー保存則を適用することができる．

例題11.1 ▶ 50.0 g のある金属の塊を 200 ℃に加熱し，20.0 ℃の水 400 g が入っているビーカーに入れた．最終的な熱平衡温度が 22.4 ℃であったとき，この金属の比熱を求めよ．ここで，熱が外部に逃げなかったと仮定し，エネルギー保存則が成り立つとする．ただし，水の比熱は 1.00 cal/(g・K) とする．

解答 ▷

金属が失った熱量は水が得た熱量と等しいので，金属に関する添え字を M，水に関する添え字を W とし，最終的な熱平衡温度を T_f とすると，

$$c_M m_M (T_M - T_f) = c_W m_W (T_f - T_W)$$

の関係式が成り立つ．これから

$$c_M = \frac{c_W m_W (T_f - T_W)}{m_M (T_M - T_f)}$$

$$= \frac{1.00 \times 400 \times (22.4 - 20.0)}{50.0 \times (200 - 22.4)}$$

$$= 0.108 \, \text{cal/(g・℃)}$$

が得られる（本来，温度は絶対温度になおすべきであるが，ここでは差をとっているのでこのままでよい）．この結果を表 11.1 と比べると，この金属は鉄であろうことが推定できる．

例題11.2 ▶ 体重 60.0 kg・体温 36.0 ℃の人間が 42.0 ℃で 100 L の湯に，熱平衡状態になるまでの十分な時間浸かった．最終的な熱平衡温度が 40.0 ℃であったとき，この人間の比熱を推定せよ．ただし，水の比熱は 1.00 cal/(g・K) とする．

解答 ▷

例題 11.1 と同様にエネルギー保存則より，

$$c_W m_W (T_W - T_f) = c_人 m_人 (T_f - T_人)$$

が成り立つ．ここで添え字 W は水，添え字人は人間を表す．すると，

$$c_人 = \frac{c_W m_W (T_W - T_f)}{m_人 (T_f - T_人)}$$

$$= \frac{1.00 \times 100 \times 10^3 \times (42.0 - 40.0)}{60 \times 10^3 \times (40.0 - 36.0)}$$

$$=0.83\,\mathrm{cal/(g\cdot\mathbb{C})}$$

が得られる.

§ 11.3 湯冷めの物理学

　せっかくお風呂で温まったのにいつまでも裸でウロウロしていたら, 体温が下がり湯冷めの状態になってしまう. 体に残った水滴はきれいにぬぐい取られていたとすると, 体から熱放射によって熱エネルギーが失われるので体温が低下するのである. 物体が単位時間にエネルギーを放射する割合は**エネルギー放射率**とよばれ, 絶対温度の 4 乗に比例する. これは**シュテファンの法則**として知られている. 単位時間あたりのエネルギー損失であるエネルギー放射率 P は, つぎのように表される.

$$P=\sigma AeT^4 \tag{11.5}$$

ここで, P の単位はワット $(\mathrm{W=J/s})$ である. σ は $5.6696\times10^{-8}\,\mathrm{W/(m^2\cdot K^4)}$ という定数, A は物体の表面積, e は**放射率**とよばれる定数, T は絶対温度である. e の値は表面の性質に応じて変わり, 0~1 までの値をもつ.

　温度をもつ物体はシュテファンの法則で表される割合でエネルギーを放射する. それと同時に外部からも熱放射を吸収する. もしこの熱放射吸収がなかったら, その物体の温度は低下し続け絶対温度零度に限りなく近づいてしまう. そうならないのは, 放出する熱放射と吸収する熱放射がつり合って熱平衡状態になるからである. ある物体の温度が T, その周囲の温度が T_0 であったとき, その物体が毎秒獲得または失う正味のエネルギー (**熱損失率**) は

$$P_{\mathrm{net}}=\sigma Ae(T^4-T_0^4) \tag{11.6}$$

で与えられる.

例題 11.3 20.0 ℃の部屋に体重 60 kg の裸の人間がいる. はじめ, この人間の皮膚の温度が 37.0 ℃であったとすると, 30 分間でどれだけの熱が逃げるかを見積もれ. ただし, 皮膚の放射率は 0.900 であり, この人間の表面積は $1.50\,\mathrm{m^2}$ であり, 100 % 水でできていると仮定せよ. また, 熱の仕事当量 4.19 J/cal, $\sigma=5.67\times10^{-8}\,\mathrm{W/(m^2\cdot K^4)}$, 水の比熱 1.00 cal/(g·K) を用いよ.

〔解答〕
この人間の皮膚から逃げる 1 秒間あたりのエネルギーは, 式(11.6)から

$$P_{\text{net}} = \sigma Ae(T^4 - T_0{}^4)$$
$$= (5.67 \times 10^{-8}\,\text{W/(m}^2 \cdot \text{K}^4))(1.50\,\text{m}^2)(0.900)((310\,\text{K})^4 - (293\,\text{K})^4)$$
$$= 143\,\text{W}$$
$$= 1.43 \times 10^2\,\text{J/s}$$

である．この熱損失率で 30 分間に失われる熱損失 Q は

$$Q = P_{\text{net}} \times 時間$$
$$= (1.43 \times 10^2\,\text{J/s})(30 \times 60\,\text{s})$$
$$= 2.6 \times 10^5\,\text{J}$$
$$= 6.1 \times 10^4\,\text{cal}$$

である．この人間がすべて水でできていると仮定すると，この熱損失 ΔT は

$$\Delta T = \frac{Q}{cm}$$

$$= \frac{6.1 \times 10^4}{1.00 \times 60 \times 10^3}$$

$$= 1.0\,\text{℃}$$

に相当し，体温が 1.0 ℃ 下がることになる．

✎ 参考 11.3 黒体

　理想的な電磁波の吸収体の放射率 e は 1 に等しい．このような物体を**黒体**という．理想的な吸収体は，理想的な放射体でもある．これとは対照的に，放射率が 0 の物体は，外部からの電磁波をすべて反射するので，**完全反射体**という．

---

§ 11.4　体をきれいにするということ

　汗や垢などの老廃物を取り除くことは，そこに付着した細菌やウイルスという感染病の原因を取り除いたり，その濃度を下げたりするため，とても重要なことである．汚れた状態はエントロピーが高い状態であるといえる．元来，エントロピーとは熱力学第 2 法則を特徴づける物理量である．これはもとの状態には戻らない性質（これを**不可逆性**という）を表現している．

　体を洗うという行為は，この自然法則に反してエントロピーを減少させるのである．それはきれいなもとの状態に戻していると見なせるからである．しかし，ある系内のエントロピーを減少させる操作は，その系外のエントロピーを増大させる犠牲が伴うものである*．

＊他の例としては，「自分の部屋を片付けて，他の部屋にごみや不用品を置いた」といった場合，自分の部屋のエントロピーは減少するが，他の部屋のエントロピーが増大する．

地球環境の循環システムには，系外のエントロピーの増大を打ち消す作用がある．たとえば体を洗って汚れた水はエントロピーが高くなっているが，水環境中のバクテリアによって分解されたり，太陽の熱によって蒸発して上空で凝集し雨となったりして，エントロピーの低い天然の蒸留水としてよみがえる．

🔍 Focus 11.4 熱力学第2法則

熱力学第2法則は，たとえば冷めたお茶が自ら熱くならないというような，もとには戻らない性質（**不可逆性**）を表す（特徴づける）法則である．言い換えると，「低温の熱源から高温の熱源に正の熱を移す際に，他の変化も起こさないようにすることはできない（クラウジスの表現）」または「1つの熱源から正の熱を受け取り，これをすべて仕事に変える以外に他に何の変化を起こさないサイクルは存在しない（トムソン（ケルビン）の表現）」となる．他にもさまざまな表現が存在するが同じことを表している．

📈 発展 11.5 エントロピーの統計力学的な解釈

熱力学第2法則は簡単にいうと，「宇宙の正味のエントロピーは増加する」（**エントロピー増大則**）ということである．自然界ではさまざまな変化がつねに起きている．そしてそれらは「乱雑さが増大するように変化する」というのが，物理学者ボルツマンが唱えた**エントロピーの統計力学的な解釈**である．**統計力学**ではエントロピー S を

$$S = k_B \log_e W \tag{11.7}$$

と定義する*．ここで，k_B は**ボルツマン定数**（$k_B = 1.381 \times 10^{-23}$ J/K）とよばれ，エネルギーと温度を関連づける物理量である．W は**状態数**とよばれ，エネルギーや運動量やスピンの向きといったその系がとることのできる可能性の総個数である．時間が経ち変化が起これば起こるほど，とりうる状態数が増えていくわけである．つまり変化すればするほど，エントロピー S は増大していく．

*指数の肩に乗っている量や対数で書かれた量は無次元であることに注意する．このためエントロピーの次元はボルツマン定数と同じである．

§ 11.5 熱力学第3法則

これまでお風呂を題材にして，原子や分子が**アボガドロ定数**（6.022×10^{23} 個/mol）個程度集まった巨視的な対象が示す自然法則である熱力学を紹介した．熱力学はこれまで見てきたように，温度 T や圧力 p や体積 V と

いった状態量が存在することを保証する**熱平衡状態の存在**と，エントロピーが不変となる**断熱過程の存在**を認めうるならば成り立つ．これらの条件が満たされれば，お風呂に限らずさまざまな事物に対して熱力学を応用することができる．

実はもう1つ重要な自然法則として熱力学第3法則がある．熱力学第1法則と第2法則を合わせると

$$dU = dQ - dW = TdS - pdV \qquad (11.8)$$

と書くことができる．しかしこのままでは，エントロピー S に関して，その変化量 dS しかわからない．そこで，熱力学第3法則の別表現（**ネルンストの熱定理**）によって，**エントロピーの基準値**を定義することができる．それは

$$T \to 0\,\mathrm{K} \quad \text{のとき} \quad S \to 0 \qquad (11.9)$$

と表現される．これによってエントロピーの絶対値を求めることが可能となる．これは極低温における物質の挙動からわかるもので，その基礎は量子力学から与えられる．

Focus 11.6 熱力学第3法則と不確定性原理

熱力学第3法則とは，「有限回数の操作で絶対温度零度に達することはできない」というものである．これは量子力学の原理の1つである**不確定性原理**によるものである．不確定性原理とは，原子や分子といったミクロな系では，「位置と運動量」「エネルギーと時間」の組み合わせは同時に正確に（厳密に）決定できないというものである．この不確定性原理によって，原子・分子というミクロな粒子を完全に静止させることはできない．絶対温度零度とは，各原子・分子の運動エネルギーがない状態つまり静止状態なので，量子力学的にありえないのである．

参考文献

[1] R. A. Serway（著），松村博之（訳），科学者と技術者のための物理学（2），学術図書出版社（1995）

[2] 国立天文台（編），理科年表　平成27年，丸善出版（2015）

[3] 吉村洋介　熱伝導のはなし：
http://kuchem.kyoto-u.ac.jp/ubung/yyosuke/chemmeth/chemmeth06.pdf

[4] 大矢勝（著），図解入門　よくわかる最新　洗浄・洗剤の基本と仕組み，秀和システム（2011）

[5] イリヤ・プリゴジン，ディリップ・コンデプディ（著），妹尾学，岩元和敏（訳），現代熱力学，朝倉書店（2001）

章末問題

11.1 つぎの**熱伝導の法則**の説明を読んだあと，問いに答えよ．

図1のように，熱伝導は媒体の2ヶ所に温度差 ($T_2 > T_1$) があるときにだけ生じる．経験的に時間 Δt の間に熱い側から冷たい側に流れる熱の流量 $H = \Delta Q / \Delta t$ は，断面積 A と温度差 ΔT に比例し，厚さ Δx に反比例することが知られており，

$$H = \frac{\Delta Q}{\Delta t} \propto A \frac{\Delta T}{\Delta x}$$

と表される．$H = \dfrac{\Delta Q}{\Delta t}$ により，熱の流量 H は仕事率と同じ次元（単位：W = J/s）をもつことがわかる．上の関係式の極限をとって定式化すると，

$$H = -kA \frac{\mathrm{d}T}{\mathrm{d}x}$$

が得られる．これを**熱伝導の法則**という．ここで，比例定数 k は物質固有の量で**熱伝導率**とよばれる．$\dfrac{\mathrm{d}T}{\mathrm{d}x}$ は空間的な温度変化を表し**温度勾配**とよばれる．マイナス符号は，温度勾配の逆方向に（つまり温度の高いほうから低いほうへ）熱が伝わることに対応する．

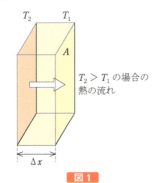

図1
熱は高温 $T_2 (> T_1)$ から低温 T_1 へ流れる．

問 図2のように，厚さが L_1 および L_2，熱伝導率が k_1 および k_2 の2枚の板が熱接触（熱伝導が起こるように接触）している．外側の表面の温度は T_1 および T_2 ($T_2 > T_1$) である．定常状態における両板の境界面の温度 T および熱の流量 H を求めよ．

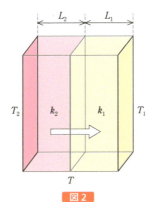

図2
熱接触している2枚の板 ($T_2 > T_1$) を通して，
熱の伝導が等しくなることに注意．

第 12 章
エントロピーと社会
― エントロピー増大則と人間意識の役割 ―

ねらい
第 11 章で学んだ熱力学第 2 法則（エントロピー増大則）は，非常に多くの応用例がある．このエントロピーの概念の重要性は，エネルギーの概念の重要性に匹敵する．本章では，社会学的応用を題材として，エントロピーの概念をより深く学ぶ．

§ 12.1 エネルギー循環型社会とエントロピーの概念

エネルギー循環型社会の構築方法を考えたり，いかに人間の経済活動を有意義にするかを考えたりするとき，第 11 章で学んだエントロピーの考え方を適用することがある．エントロピーは，もとの状態に戻れる性質（可逆性）と，もとの状態には戻れない性質（不可逆性）とを区別できるし，乱雑さを数値的に評価することもできるからである．

ビッグバンから変わらない宇宙全体がもつ総エネルギーや，ATP の合成・分解によってもたらされる生命体のエネルギーなど，これまでさまざまな形態のエネルギーについて学んできた．我々は幾度となく繰り返されるエネルギーの変換によって生きている．また，持続発展可能な社会を作り上げるためには，エネルギーの循環を無駄なく・無理なくしていく必要がある．このために，エネルギー資源をどう集めるかという問題と，エネルギーを使ったあとの廃棄物をどうするのかという問題に直面する．

Focus 12.1 熱機関のエネルギー変換効率

ある形態のエネルギーを別のエネルギー形態へ変換する際に，もとのエネルギーに対して有効に利用できるエネルギーの割合をエネルギー変換効率（単に「**効率**」とよぶこともある）η * という．一般に

$$\eta = \frac{\text{出力エネルギー}}{\text{入力エネルギー}} \times 100 \ \% \tag{12.1}$$

で与えられる．

図 12.1 のように，熱機関（エンジン）に入る高温熱エネルギー Q_h が熱機関によって力学的な仕事 W に変換され，余った低温熱エネルギー Q_c を外部へ捨てる．このとき，Q_h に対する W の比を（**エネルギー変換**）**効率**といい η で表す．エネルギー保存則から $W = Q_h - Q_c$

＊エータと読む．

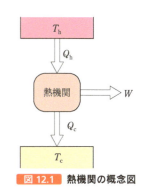

図 12.1 熱機関の概念図

の関係が成り立つので, η は

$$\eta = \frac{W}{Q_h} = \frac{Q_h - Q_c}{Q_h} = 1 - \frac{Q_c}{Q_h} \tag{12.2}$$

と書き表すことができる.

§ 12.2 エントロピーとカルノーサイクル

*1 もとの状態に周期的に戻る循環過程.

熱機関におけるエネルギー変換効率 η が最大となるサイクル*1は, 可逆サイクルである**カルノーサイクル**である (**カルノーの定理**). カルノーサイクルとは, 物理学者カルノーの頭の中で考えられた純粋思考の産物であり, そのすべての過程は**準静的な過程***2である. 現実をこの純粋思考に近づけようとすると, 各過程で無限の時間をかけなければならず現実的ではない.

*2 つねに熱平衡状態を保った過程を準静的な過程いう. 熱平衡状態とは, 温度・圧力・体積といった状態量が落ち着いていて定まる状態である. 爆発過程のような急激な過程では, これらの状態量が非常に大きく変化するので熱平衡状態とはいえない.

しかし実際の熱機関の研究・開発では, カルノーサイクルと比較することによって評価されている. 熱力学過程を経るエネルギー変換装置の効率の上限はカルノーサイクルによって与えられ, 高温熱源の絶対温度 T_h に対する低温熱源の絶対温度 T_c の比によって与えられる. もし低温熱源の温度を絶対温度零度 (0 K) にすることができたなら, エネルギー変換効率 100 %の熱機関が実現されることになるが, 第 11 章で紹介した熱力学第 3 法則により有限回の熱力学的操作で絶対温度零度に到達することは不可能であるので, 熱力学過程で効率 100 %を実現することは不可能である. 言い換えると, これ以上はエネルギーに変換できない廃棄物質やエネルギーが必ず排出されることになる. このことはエントロピーの側面からいうと必ずエントロピーは増大するということになる.

🔍 Focus 12.2 エントロピー

カルノーの純粋思考から, 最大効率 η_{max} は準静的な可逆サイクル (カルノーサイクル) で与えられ,

$$\eta_{max} = 1 - \frac{T_c}{T_h} \tag{12.3}$$

となる. $\eta \leq \eta_{max}$ であるから, この関係式に式(12.2)と式(12.3)を代入してまとめると,

$$\frac{Q_h}{T_h} \leq \frac{Q_c}{T_c} \tag{12.4}$$

の関係が得られる. 等号は可逆サイクルのとき成り立ち

$$\frac{Q_h}{T_h} = \frac{Q_c}{T_c} \tag{12.5}$$

となる．つまり，可逆サイクルにおいて $\frac{Q}{T}$ が一定となる．そこで，クラウジウスは，$\frac{Q}{T}$ をエントロピーと名づけた（1865 年）．一方，不可逆過程では不等号つまり

$$\frac{Q_h}{T_h} < \frac{Q_c}{T_c} \tag{12.6}$$

となり，高温熱源から熱を得たあと，低温熱源で熱を捨てると，エントロピーは増大することがわかる．これを**エントロピー増大則**という．

このエントロピー増大則は，熱を捨てる低温熱源が多数（無限個）あった場合，式(12.4)と一致する．また可逆サイクルならば，

$$\oint \frac{dQ}{T_h} = 0 \tag{12.7}$$

となる．

§ 12.3 エントロピーと経済学

エントロピーの概念を経済学に応用しようという一連の流れがある．図 12.2 のように，技術によって原材料から製品が作られる生産過程を横軸に，技術によって低エントロピー資源から廃物・廃熱を生み出す消費過程を縦軸に表す．これは，熱エネルギーを使って外部に仕事を行う熱機関の概念（図 12.1）と非常によく似ている．

経済学で登場するエントロピー概念は，宇宙のエントロピーが無限大になることによって，あらゆる反応が停止する**宇宙の熱力学的死**と同じ考察によって悲観的なものが多い*．エントロピーの増大が避けられないので，遅かれ早かれ人類の文明は発展しなくなり，その結果，経済的な進展

*たとえば，参考文献[4]を参照．

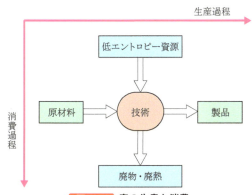

図 12.2 富の生産と消費

低エントロピーの資源からエネルギーを得て，技術によって原材料から製品を生産する．その結果，廃物や廃熱といった高エントロピー物質が出てくる．
[出典：エネルギーとエントロピーの経済学，東洋経済新報社（1979）]

も望めないという．果たしてそうであろうか．

§ 12.4　情報理論におけるエントロピー増大則と人間意識の役割

　つぎに，情報理論におけるエントロピー増大則と人間意識の役割について紹介する．コンピュータネットワーク上で文字・画像・動画といったものが，情報の単位「バイト」で定量化されてやり取りされる．情報科学には**情報エントロピー**という概念があり，情報エントロピーを「**事象の不確かさ**」としてとらえ，不確かさが情報によって減少したとすると，その減少分が情報量であると考える．

　図 12.3 (a)は，ある本の表紙のコピーである．初めてコピーしたものなので，これを第1世代とする．光学コピーはもとの状態に戻ることができない不可逆過程である．そこで，コピー機から出てきた第1世代の図をつぎのコピーの原画としてもう一度コピー機にかける．その結果，出てきたコピーを第2世代とする．不可逆サイクルを経て出てくるので情報は劣化するが，第2世代と第1世代と間の違いはほとんどない．しかし，このコピー操作を繰り返し行うと，情報の劣化が顕著になってくる．第10世代のコピーが(b)である．(a)の第1世代と比較して，文字の情報はまだ十分に保たれているが，写真の人物のしわなどの情報は判別できなくなっている．さらに，同じようにコピー機から出てきた複写原稿を親の原稿にして繰り返しコピーした第100世代のコピーが(c)である．(c)では，写真の情報はもちろん文字の情報も判別が難しくなっているのがわかる．言い換えると，情報がコピーをとるという行為のなかで不可逆に失われていくのがわかる．

　これはまさに**情報エントロピーの増大**を表している．コピー機を使ってもとの状態に戻すことはできない．無限回この操作を続けた場合を想像し

　　(a) 第1世代　　　　　　(b) 第10世代　　　　　(c) 第100世代

図 12.3　**複写過程における情報エントロピーの増大**
光学複写（コピー）は熱力学的な不可逆過程とみることができる．コピーを繰り返すことによって，情報は失われ劣化する．このとき，情報エントロピーは増大している．

 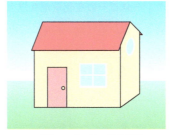

(a) エントロピーが無限大　　　　(b) エントロピーが有限値

図 12.4 情報エントロピー減少過程

何もない情報エントロピー無限大の状態 (a) から，新たな物を作り上げること (b) は，情報エントロピーを一気に下げることに対応する．

てみると，文字も画像も判別できなくなり，コピーは単なる白（あるいは真っ黒）になり，情報を何ももたない状態になる．すべては消えて無意味（情報エントロピー無限大の状態）になる．

しかしすべてが無意味になるわけではないのである．図 12.4 (a) は何もない，つまりエントロピー無限大の状態である．何もないところに，たとえば家を建てるということは無限大のエントロピーを一気に下げることになる．このようなエントロピーを下げる行為に情報科学では**価値**（value）があるという．つまり，何もないところに新たな創造をするということは非常に大きな価値があるということである．何も知らない・わからない状態から，出会い・学び・理解し身につけた状態にするということはエントロピーを下げる価値のあることなのである．

エントロピー増大則は，あらゆる事物が無秩序な状態へ自然に進むことを主張している．一方，人間の意識は判然としない状態からさまざまな事物を明らかにする．言い換えると，「make it clear」する行為が局所的にせよエントロピーが低下した状態を生み出すのである．もちろんこれは局所的であり，外部には正のエントロピーを排出せざるを得ない．

Focus 12.3 エントロピー増大則

クラウジウスの定義から，エントロピー S は

$$S = \frac{Q}{T} \tag{12.8}$$

である．すると，エントロピーの変化量 ΔS は，熱平衡状態が成立していて温度が一定とすると，

$$\Delta S = \frac{\Delta Q}{T} \tag{12.9}$$

で与えられる．特に断熱系*では $dQ = 0$ となるので

$$0 \leq \Delta S \tag{12.10}$$

という結果が得られる（**エントロピー増大則**）．これは，断熱系では

*外部との熱のやりとりがない系．

エントロピーの変化量が 0 以上で負にならない，つまり，減少しないことを表している．しかし，熱の出入りがある系ではエントロピーが減少することも当然起こりうる．また，熱エネルギーのすべてを他のエネルギーに変換することができない事実からもエントロピーは増大していくことがわかる．

例題 12.1 氷が水に相転移する場合を考えよう．つぎの説明を読んだあと，問いに答えよ．

固体（固相）から液体（液相）に相転移することを **融解** という．このときの **相転移温度**（2 相（固液）平衡温度）は氷が完全に水になるまで一定の約 273 K（＝0 ℃）である．つまり，融解過程は温度が一定の **等温過程** と見なすことができる．融解に使われる熱エネルギーを Q（>0）（（融解）**潜熱** という）とすると，融解過程で生じるエントロピー変化 ΔS は

$$\Delta S = \int \frac{\mathrm{d}Q}{T} = \frac{1}{T} \int \mathrm{d}Q = \frac{Q}{T}$$

で与えられる．たとえば 100 g の氷が完全に水に相転移した場合のエントロピー変化は，固体から液体へ相転移するときの水 1 g あたりの潜熱である融解熱 $L_f = 3.33 \times 10^2$ J/g を用いると，

$$\Delta S = \frac{Q}{T} = \frac{mL_f}{T} = \frac{100 \times 3.33 \times 10^2}{273} = 1.22 \times 10^2 \text{ J/K}$$

と正の値となる．融解過程とは，固体結晶から分子間結合が弱い液体への変化であり，各分子が取り得る状態の乱雑さが増大する過程である．これは，エントロピー変化が正の値をとることに対応している．

(1) 上記の逆過程である水から氷への **凝固** の場合のエントロピー変化を求めよ．

(2) 熱の出入りを無視することができる **断熱過程** でのエントロピー変化を求めよ．

解答

(1) 熱の出入りが逆となるので

$$\Delta S = \frac{-Q}{T} = \frac{-mL_f}{T} = \frac{-100 \times 3.33 \times 10^2}{273} = -1.22 \times 10^2 \text{ J/K}$$

となる．これは，凝固により水分子の乱雑さが減少することに対応している．

(2) $Q = 0$ となるので

$$\Delta S = \frac{Q}{T} = \frac{0}{T} = 0 \text{ J/K}$$

となる．断熱過程は**等エントロピー過程**である．

参考文献

[1] 室田武（著），エネルギーとエントロピーの経済学，東洋経済新聞社（1979）
[2] ニコラス・ジョージェスク・レーゲン（著），高橋正立，神里公（訳），エントロピー法則と経済過程，みすず書房（1993）
[3] 室田武，多辺田政弘，槌田敦（編著），循環の経済学，学陽書房（1995）
[4] マンフレート・ヴェールケ（著），岡部仁（訳），未来を失った社会，青土社（1998）
[5] イリヤ・プリゴジン，ディリップ・コンデプディ（著），妹尾学，岩元和敏（訳），現代熱力学，朝倉書店（2001）
[6] R. A. Serway（著），松村博之（訳），科学者と技術者のための物理学（2），学術図書出版社（1995）

章末問題

12.1 熱伝達の方向とエントロピー増大則の関係について考えよう．低温熱源 T_c から高温熱源 T_h へ熱量 Q を自然に（外部から仕事を与えずに）伝達させることは可能か．2つの熱源は熱容量が十分に大きく，温度変化は無視できると仮定する．

12.2 気体の**自由膨張**[*1]について考える．初期体積の2倍に自由膨張する 6.00 mol の**理想気体**[*2]（図）のエントロピー変化を求めよ．

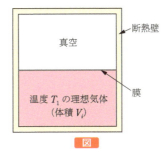

図

断熱された体積 V_f の容器内で，初め理想気体が分離壁（膜）によって体積 V_i の空間に閉じ込められている．そして，容器の残りの部分は真空になっている．分離壁が取り除かれると，気体は真空領域まで拡散し体積 V_f まで不可逆的に膨張する．

*1 仕事をせずに膨張することを自由膨張という．
*2 構成する気体分子同士が化学反応などをしない，かつ気体分子自体も振動や回転の自由度のない単純な剛体球と近似できる気体．理想気体は，ボイル・シャルルの法則に従い，**理想気体の状態方程式** $PV=nRT$ を満足する．ここで，P は圧力，V は体積，n は分子量（モル数），$R=8.314$ J/(mol·K) は**気体定数**である．

第 13 章
楽器の物理学
― 振動・波動 ―

ねらい

　本章では，楽器から発せられる音波について考える．音源の振動が音波となって空間を伝わっていく．音から振動・波動について学ぶ．

§ 13.1 音波

　音は空気の振動によって伝わり，最終的に耳の鼓膜を振動させて知覚される．**振動の空間的な伝わりを波動**というが，波動の伝達には，それを伝える**媒質**が必要である．音の場合，媒質は空気である．空気は窒素分子や酸素分子などから成り立ち，それらは約 480 m/s（の温度に依存する**平均分子速度**）で運動している．しかし無風状態では，それらの方向の偏りがなく，平均すると各空気中の分子（以下，空気分子と略記する）は静止していて，その場に居続けていると考えて差し支えない．

Focus 13.1 振動と波動の違い

　振動と波動の違いをまとめると，つぎのようになる．

・振動：ある固定点まわりのゆれ→運動を表す変数は時間 t の 1 つのみである

・波動：振動の空間的な伝わり→運動を表す変数は時間 t と空間座標 x, y, z の 4 つである

振動と波動を比較すると，波動のパラメータの数が振動の 4 倍にもなる．そのため，まずは簡単な振動をマスターしてから波動へと学習を進める．

Focus 13.2 波動要素の名称

　図 13.1 のように，波動には同じパターンが出現する．このときの最小単位の長さを**波長** λ[m] という．また，平衡位置からの山や谷の高さを**振幅** A という．また，同じパターンが出現する時間間隔を**周期**

T[s] といい，周期の逆数を**振動数**（または**周波数**）f[Hz(ヘルツ) $=1/s$]（あるいは ν と書く）という．単位長さあたりの波の数を**波数** $k\left(=\dfrac{2\pi}{\lambda}\right)$[1/m] という．

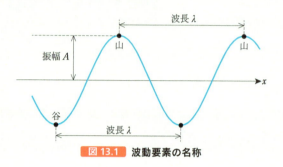

図 13.1 波動要素の名称

§ 13.2 音の3要素

音の高さ・音の強さ・音色を**音の3要素**という．

❶ 音の高さ（音階）

音の高さ（音階）は音波の振動数によって決まる．振動数が大きければ大きいほど高い音，振動数が小さければ小さいほど低い音となる．音階と振動数の対応を 図 13.2 に示す．

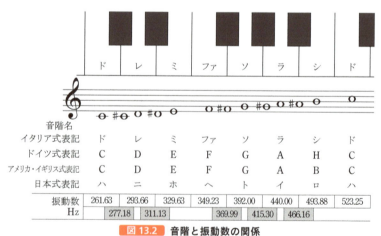

図 13.2 音階と振動数の関係
［物理数学道具箱，講談社（2002）を参考に作成］

❷ 音の強さ

音が大きい（強い）とは鼓膜の振動が大きいことに対応し，これは鼓膜の振動の振幅が大きいこと，すなわち音波の振幅が大きいことである．

単振動（Focus13.3 参照）する物体がもつエネルギーは振幅の2乗に比

例する*ので，振幅が大きいとは，振動・波動のエネルギーが大きいということである．つまり，音の強さは音波のもつエネルギーによるので，ある点における特定方向の**音の強さ** $I\,[\mathrm{W/m^2}]$ は，その方向に垂直な単位面積 $S\,[\mathrm{m^2}]$ を毎秒通過するパワー（仕事率）$P\,[\mathrm{J/s}]$ によって，

$$I\left[\dfrac{\mathrm{W}}{\mathrm{m^2}}\right]=\dfrac{P\,[\mathrm{J/s}]}{S\,[\mathrm{m^2}]} \tag{13.1}$$

と表される．

*$E=\dfrac{1}{2}m\omega^2 A^2$

例題 13.1 振動数 1000 Hz 付近での人間が聞き取ることができるもっとも弱い（小さい）音の強さは約 $10^{-12}\,\mathrm{W/m^2}$ である．これを可聴しきい値という．一方，耳が痛くなる音の大きさは約 $1\,\mathrm{W/m^2}$ である．これを痛みのしきい値という．鼓膜の直径を 10 mm とする．可聴しきい値，痛みのしきい値における鼓膜を単位時間に通過するパワー（仕事率）P を求めよ．

解答 鼓膜の断面積は $7.9\times10^{-5}\,\mathrm{m^2}$ となる．よって仕事率は，可聴しきい値では

$$\begin{aligned}P_{可}&=I\times S\\&=10^{-12}\,\dfrac{\mathrm{W}}{\mathrm{m^2}}\times 7.9\times 10^{-5}\,\mathrm{m^2}\\&=8\times 10^{-17}\,\mathrm{W}\\&\approx 10^{-16}\,\mathrm{W}\end{aligned}$$

となり，痛みのしきい値では

$$\begin{aligned}P_{痛}&=I\times S\\&=1\,\dfrac{\mathrm{W}}{\mathrm{m^2}}\times 7.9\times 10^{-5}\,\mathrm{m^2}\\&=8\times 10^{-5}\,\mathrm{W}\\&\approx 10^{-4}\,\mathrm{W}\end{aligned}$$

となる．

---

❸ 音色

日本工業規格（JIS）では，音色は「聴覚に関する音の属性の1つで，物理的に異なる2つの音が，たとえ同じ音の大きさ及び高さであっても異なった感じに聞えるとき，その相違に対応する属性」と定義されている．

図 13.3 のように，音色は，音源からの振動の様式（振動のパターン，つまり波形）によって決まる．波形には，その音階に含まれる基準振動および倍音の成分比や振幅の時間変化などが複雑に関係している．その結果，楽器によって波形（およびその時間変化）が異なり，楽器ごとに音の質（**音色**）が異なるのである．

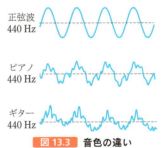

図 13.3 音色の違い
上から順に，440 Hz（ラの音）の正弦波の波形，440 Hz（ラの音）のピアノの波形，440 Hz（ラの音）のギターの波形である．

§ 13.3 弦の固有振動

数学者・音楽家のマラン・メルセンヌは，一弦琴の振動数 ν [Hz] が，弦の長さを l [m]，弦の張力を T [N]，弦の単位長さ*あたりの質量（**質量線密度**）を ρ [kg/m] とすると，

$$\nu = \frac{n}{2l}\sqrt{\frac{T}{\rho}} \tag{13.2}$$

と表されることを実験的に見出だした．ここで，n は振動の様式（モード）を指定する指標であり，$n=1$ の振動様式を**基準振動**，$n=2,3,\cdots$ の振動様式をそれぞれ 2 倍振動，3 倍振動，…という（図 13.4）．

図 13.4 の一弦琴の振動の両端は，琴柱によって固定された**固定端**を表している．固定端以外にも振動しない点があり，**節（ノード）**という．1 次モードには 0 個のノード，2 次モードには 1 個のノード，3 次モードには 2 個のノード，4 次モードには 3 個のノードがある．この関係から揺れない点(部分)の数やパターンを特定できれば，その振動のモードを特定できる．

式 (13.2) からわかるように，両端を固定された一弦琴の振動モードにおいては，振動数 ν は弦の長さ l に反比例する．つまり，短い弦は高い音を，長い弦は低い音を発する．また，振動数 ν は弦にはたらく張力 T の平方根に比例する．つまり，強く張った弦は高い音を，緩く張った弦は低い音を発する．さらに，振動数 ν は質量線密度 ρ の平方根に反比例する．よって，弦が同じ材質ならば，細い弦は高い音を，太い弦は低い音を発する．これらの定性的性質はメルセンヌ以前からわかっていたが，メルセンヌによって定式化されたことは非常に大きな意味がある．

*SI 単位系ならば 1 m である．

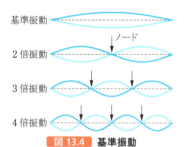

図 13.4　基準振動

上から順に，基準振動（1 次モード），2 倍振動（2 次モード），3 倍振動（3 次モード），4 倍振動（4 次モード）の振動様式を表す．[物理数学道具箱, 講談社 (2002) を参考に作成]

Focus 13.3　調和振動（単振動）

振動の基本は $\sin\theta$, $\cos\theta$ で表すことができる振動で**調和振動（単振動）**とよばれる．図 13.5 のように，ばねの先におもりを取り付けると，ばねの力はフックの法則 $\vec{f_s} = -k\vec{x}$（k はばね定数，$\vec{x}$ は位置ベクトル）で表される．これをニュートンの運動方程式に代入すると，**調和振動方程式**

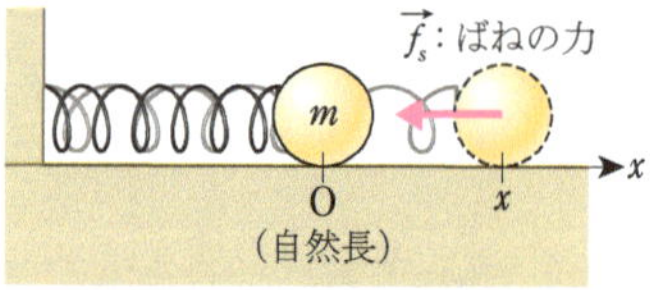

$$\frac{d^2\vec{x}}{dt^2} = -\omega^2\vec{x} \tag{13.3}$$

が得られる．ただし，$\omega(=\sqrt{k/m})$ は**角振動数**とよばれ，角振動数 ω が大きければ激しい揺れとなる．調和振動方程式の解は，三角関数の $\sin\omega t$, $\cos\omega t$ などを使って表すことができ，たとえば

$$x(t) = A\sin(\omega t + \phi) \tag{13.4a}$$

$$x(t) = A\cos(\omega t + \phi) \tag{13.4b}$$

図 13.5　ばねに取り付けられたおもりの運動

$$x(t) = Ae^{i(\omega t + \phi)} = A\cos(\omega t + \phi) + iA\sin(\omega t + \phi) \quad (13.4c)$$

などである．ここで，A は振幅，$(\omega t + \phi)$ は**位相**，ϕ は**初期位相**という．i は**虚数単位**（$i = \sqrt{-1}$）を表す．角振動数 ω から周期は $T = \dfrac{2\pi}{\omega}$，さらに振動数は $\nu = \dfrac{1}{T} = \dfrac{\omega}{2\pi}$ となる．振動数の単位は Hz（ヘルツ）である．おもりをつけたばね以外の振動も周期的であれば，$\sin\omega t$，$\cos\omega t$ の振動を定数倍して足し合わせたもの（線形和）を使って表すことができる（この分解は**フーリエ分解**とよばれる）．

§ 13.4 音階と12平均律

式(13.2)からもわかるように，振動数は連続的に変化させることができるが，音楽においてある特定の振動数に名前をつけて表記するのが普通であり，たとえばよく知られたドレミファソラシドなどがある．図13.2に音階名と振動数との対応があるが，この関係は基準をハ長調のラ＝A＝440 Hz とする 12 平均律

$$\nu\,[\text{Hz}] = 440 \times 2^{\frac{m}{12}} \quad (13.5)$$

を用いることで規定された．$m = 0$ としたときにラの振動数 440 Hz，$m = -1$ としたときに半音高いハ長調ソの振動数 415.30 Hz，$m = 12$ としたときに 1 オクターブ高いラの振動数 880 Hz，$m = 24$ としたときに 2 オクターブ高いラの振動数 1760 Hz となる．

実は，基準音となる音をハ長調のラ＝A＝440 Hz から適当にずらしてもかまわない．そこで，基準音の振動数を $\nu_0\,[\text{Hz}]$ とし式(13.5)を一般化すると，

$$\nu\,[\text{Hz}] = \nu_0 \times 2^{\frac{m}{12}} \quad (13.6)$$

と書き表すことができる．式(13.2)の n，T，ρ を定数として，式(13.6)に代入すると

$$l\,[\text{m}] = l_0 \times 2^{-\frac{m}{12}} \quad (13.7)$$

が得られる．ここで，l_0 は基準音の振動数 ν_0 を発する弦の長さである．

§ 13.5 音波の性質

音波を伝える媒質である空気は形の定まらない**流体*** であり，固体に対して定義される**せん断応力**や**引張り応力**といった力が定義できない．しか

* 流体とは気体と液体の総称である（第5章参照）．

し，**圧縮応力**に対してはもとの状態に戻ろうとする**復元力**がある．この復元力による**弾性**（もとの平衡状態に戻ろうとする性質）によって，音波の振動が伝わる．

　図13.6(a)のような無風で**静止圧平衡状態**での空気分子は，その場に規則正しく互いの距離を一定に保っている状態であるとモデル化できる．そこに(b)のように，左から空気分子を押す力（応力）がはたらくと，空気分子が圧縮され，単位体積あたりの空気分子の個数（つまり**個数密度**）が密な部分と疎な部分ができる．空気分子の弾性によって，各空気分子はもとの平衡位置に戻ろうとするので，結果的に密な部分と疎な部分が交互にできる．この疎密状態が波動として伝わっていく．この波動を<u>**圧縮疎密波**</u>という．疎密の分布は波動の進行方向に沿っており，このよう波動を<u>**縦波**</u>という．つまり，<u>音波は縦波の一種である</u>．

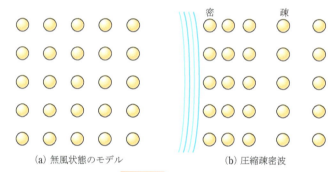

(a) 無風状態のモデル　　　　(b) 圧縮疎密波

図13.6 **圧縮疎密波**
(a) 無風で静止圧平衡状態の空気分子モデル．
(b) 音波による空気分子の圧縮疎密波．

§ 13.6 振動から波動へ

　音楽と物理法則は密接な関係をもっている．音（音波）は空気中や液体中（たとえば水の中）や固体中を伝わる圧縮疎密波（縦波）である．波動は一般に**波動方程式**を満たす．振動や波動といった周期的な繰り返しが起こる現象は，その様子を $\sin, \cos$ の重ね合わせによって表すことができる．そのことを示したのが物理学者フーリエである（この解析手法は**フーリエ解析**とよばれる）．この手法のおかげで振動や波動を数学（解析学）的に取り扱うことができるようになり，楽器・自動車・建築物などに対する数学的な解析が発展した．

Focus 13.4 減衰振動と強制振動

　振動体にその運動を妨げる力（抗力）がはたらくと，振動は次第に減衰して，やがて止まる．一度も**平衡点**（たとえば，ばねの場合はば

ねが伸びも縮みもしない**自然長**の位置）までたどり着かない振動を**過減衰**といい，平衡点にたどりついて止まる振動を**臨界減衰**といい，平衡点を何度か通過しながら減衰していく振動を単に**減衰振動**という（図 13.7）．

減衰する振動体に外部から周期的な外力を加えて振動を持続させることができる．これを**強制振動**という．外部からの力（外力）の周期（または振動数）を振動系が元々もっている**固有周期**（または**固有周波数**）に合わせると，振動の振幅が大きくなっていく．この現象を**共鳴**という．つまり振動体が元々もっている振動の特性（周期・振動数・角振動数）と一致する外部からの振動からエネルギーを吸収するのである．吸収されたエネルギーは振動体の振幅といった形態になる．

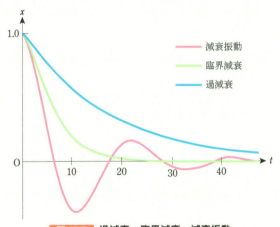

図 13.7 過減衰・臨界減衰・減衰振動
青線が過減衰，緑線が臨界減衰，赤線が減衰振動を表している．

発展 13.5 波動方程式

両端を固定され水平方向に張られた一弦琴の弦のある微小部分の垂直方向の運動を，ニュートンの運動方程式を立てて考えると，つぎの**波動方程式**が得られる．

$$\frac{\partial^2 U(x,t)}{\partial t^2} = c^2 \frac{\partial^2 U(x,t)}{\partial x^2} \tag{13.8}$$

ここで，$U(x,t)$ は時刻 t に位置 x にある弦の微小部分の垂直方向の変位を表す関数で**波動関数**とよばれる．また，c は速度の次元をもち，波動の**伝播速度**（**位相速度**）とよばれる．この波動方程式の一般解は，x 軸の正方向に進む**進行波解**と，x 軸負の方向に進む**退行波解**の**重ね合わせ**になる．この重ね合わせの状態は弦の長さが適当なときに安定化し，その状態を**定常波状態**という．

114　第 13 章　楽器の物理学

参考文献

[1] 西村鷹明（著），物理数学道具箱，講談社（2002）

[2] N. H. フレッチャー，T. D. ロッシング（著），岸憲史，久保田秀美，吉川茂（訳），楽器の物理学，丸善出版（2012）

章末問題

13.1 x 軸上を調和振動する物体がある．その変位は，方程式

$$x = (2.00\,\mathrm{m})\cos\left(2\pi t + \frac{\pi}{2}\right)$$

に従う．ただし，t の単位は s，カッコ内の角度は rad である．問いに答えよ．

(1) この運動の振幅，振動数および周期を有効数字 3 桁で求めよ．

(2) 任意の時刻の速度および加速度を求めよ．

13.2 正の x 方向に進行する正弦波のパラメータが振幅 20.0 cm，波長 30.0 cm および振動数 6.00 Hz である．また，$t=0.00$，$x=0.00$ における波動の変位が 10.0 cm であった．問いに答えよ．

(1) 波動の波数，角振動数，周期および位相速度（$c=f\lambda$）を有効数字 3 桁で求めよ．

(2) 初期位相を決定し，この波動を表す時刻 t に対する波動の高さを表す式を求めよ．

13.3 音波の伝播速度（音速）は媒質の**体積弾性率** B と**質量体積密度** ρ に依存する．体積弾性率 B は $B = -\dfrac{\Delta P}{\Delta V/V}$ で定義される．ここで，ΔP は圧力変化，V は体積，ΔV は体積変化である．圧力が上がればその領域の体積は減り，逆に圧力が下がれば体積は増えるので，体積弾性率 B はつねに $B>0$ となる．このとき，媒質中の音波の伝播速度（音速）v は

$$v = \sqrt{\frac{B}{\rho}}$$

で与えられる．問いに答えよ．

(1) 空気の体積弾性率は $B=1.4\times10^5\,\mathrm{N/m^2}$，質量体積密度は $\rho=1.2\,\mathrm{kg/m^3}$ である．空気中の音速を求めよ．

(2) 水の体積弾性率は $B=2.1\times10^9\,\mathrm{N/m^2}$，質量体積密度は $\rho=1.0\times10^3\,\mathrm{kg/m^3}$ である．水中の音速を求めよ．

(3) 氷の体積弾性率は $B=1.4\times10^{10}\,\mathrm{N/m^2}$，質量体積密度は $\rho=9.0\times10^2\,\mathrm{kg/m^3}$ である．氷中の音速を求めよ．

(4) 鉄の体積弾性率は $B=2.2\times10^{11}\,\mathrm{N/m^2}$，質量体積密度は $\rho=7.9\times10^3\,\mathrm{kg/m^3}$ である．鉄の中の音速を求めよ．

第 14 章
原子力発電と物理学
―核壊変―

ねらい
本章では，はじめに原子核の崩壊様式について学習し，放射線に関する単位，放射線の生物学に対する影響について学ぶ．これらについて定量的な議論ができるようになることを目指す．

§ 14.1 原子力発電所事故

2011 年 3 月に東日本大震災が発生した．高さ 15 m にもおよぶ津波が東京電力福島第一原子力発電所を襲い，原子力発電所のすべての電源が失われた．その結果，制御不能に陥りメルトダウンが生じた．核反応が暴走して，水素が大量に発生した結果，水素爆発により原子炉建屋が爆発した（図 14.1）．その後，外部からの放水によって連鎖反応を抑えているが，7 年経った 2018 年 3 月の時点では本質的に収束していない．

図 14.1　福島第一原子力発電所 1～4 号機（2011 年 3 月 15 日撮影）
[出典：東京電力ホールディングス]

§ 14.2 産業素材としての原子力

原子の大きさはおよそ 1 Å（$=10^{-10}$ m）程度である．一方，原子核の大きさはおよそ 1 fm（フェムトメートル $=10^{-15}$ m）程度であり，原子核は原子の約 10 万分の 1 程度の大きさである．体積比に直すと 10 万の 3 乗となるので，10^{15} 分の 1 の体積ということになる．一方，電子のやり取りで生じる化学反応のエネルギースケールは数 eV*（電子ボルト，エレクトロンボルト）程度であり，原子核反応のエネルギースケールは数 MeV

*電子 1 個を 1 V の電位差で加速したときに電子が獲得する運動エネルギーが 1 eV に相当する．$1\,\text{eV}=1.602\times10^{-19}$ J である．

（＝10^6 eV）程度となる．すると，原子力の単位体積・1反応子あたりのエネルギー（これを**エネルギー密度**とよぶ）は，化学反応利用の火力などのエネルギーと比べて，10^{21} 倍（1のあとに0が21個も並ぶ！）にもなる．原子力の原料となるウランの鉱脈がすでに見つかっており，採集するコストも得られる利潤に比べれば小さいと見積ることができる．つまり，原子力は超高エネルギー密度でかつ低エントロピー性を有する産業素材であるといえる．このため，エネルギー事業者にとってはかなりの利得を見込める．

しかし，この超高性能な産業素材は，反応終了後に莫大なエントロピーをもたらす核廃棄物となり，我々の存在を脅かしかねない．核反応の制御を失えば，その被害は不可逆で壊滅的である．

Focus 14.1 原子の構成

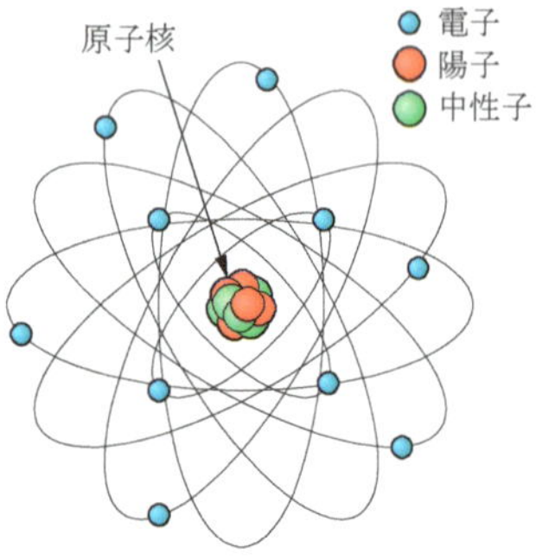

図 14.2 のように，原子は，正（＋）の電荷をもつ**陽子** p と，電気的に中性な**中性子** n からなる**原子核**のまわりに負（−）の電荷をもつ**電子** e^- から構成される．陽子や電子のもつ電荷の絶対値を**電気素量**（または**素電荷**）といい，$e＝1.602×10^{-19}$ C の電気量をもつ．そこで，陽子 p の電荷を $+e$，電子の電荷を $-e$ と書き表す．陽子の質量（静止質量）は $m_{\mathrm{p}}＝1.673×10^{-27}$ kg＝938.3 MeV/c^2 であり，中性子の質量（静止質量）は $m_{\mathrm{n}}＝1.675×10^{-27}$ kg＝939.6 MeV/c^2 である．また，電子の質量（静止質量）は $m_{\mathrm{e}}＝9.109×10^{-31}$ kg＝0.5110 MeV/c^2 である．ここで，eV はエネルギー（J）と同じ次元をもつ物理量である．質量とエネルギーの等価性を示した，有名なアインシュタインの関係式 $E＝mc^2$ から，kg＝$\dfrac{\mathrm{J}}{c^2}$ であり，エネルギーを光速の2乗で割ったものは質量を表すのである．

原子核

● 電子
● 陽子
● 中性子

図 14.2 原子の構成

＊原子核を構成する陽子や中性子を核子という．

参考 14.2 湯川秀樹と核力

陽子と中性子からなる原子核を非常に小さい空間に閉じ込めておく力のことを**核力**という．核力は物理学者**湯川秀樹**（**図 14.3**）が初めて中間子の交換によって生じることを理論的に解明し，その後実験的に検証された．この功績により，湯川秀樹は日本人初のノーベル物理学賞を受賞した（1949 年）．その後の研究によって，より厳密には核子＊と中間子の間に強い力を媒介する**グルーオン交換**によって核力が生じていることがわかってきた．強い力は電磁力よりもはるかに強く，この強い相互作用による大きな結合エネルギーを，核反応を通じて外部に取り出す技術が核技術である．

図 14.3 湯川秀樹
［出典：Wikimedia Commons］

§ 14.3 核分裂反応と核融合反応

核反応を理解するために化学反応を思い出そう．原子核のまわりに電子が**電磁相互作用**によって束縛されている．この束縛力は静電気力が基本であり，距離や電荷量でその大きさが決まる．2つ以上の原子が集まり接近すると，電子がとりうるエネルギー準位の取り合わせによって，外部から熱などのエネルギーをもらって化学反応（吸熱反応）が生じたり，逆に外部へ熱などを渡して化学反応（発熱反応）を生じたりする．このように，外部に熱などを受け渡す反応が**核反応**にもあり，**核分裂反応**と**核融合反応**とがそれである．

核分裂反応とは，原子爆弾や原子力発電所で利用される核反応で，元となる主原料は二酸化ウラン UO_2 である．これを同位体（^{238}U と ^{234}U）に分離する．得られた同位体を濃縮して原子数密度*を調節する．原子力発電所では，これら核燃料を原子炉内に配設し，炉の中を水で満たし制御棒などを出し入れすることで反応を制御している．

*単位体積あたりの原子の個数．

図 14.4 に示すように，原子番号 92 のウラン U の同位体 ^{238}U が，α 崩壊（α 壊変ともよぶ）や β 崩壊（β 壊変ともよぶ）によって遷移して，最終的に原子番号 82 の鉛 Pb の同位体 ^{206}Pb へたどり着く．このように，**核壊変**をして安定的な原子である鉛や鉄に遷移していく元素を**不安定元素**という．その際，外部へ放出されるエネルギーは核の結合エネルギーと関係している．

図 14.5 には原子の質量数に対する核子の結合エネルギーがプロットされている．質量数が一番小さい水素 H の結合エネルギーが一番小さく，質量数の増加に伴い結合エネルギーは上昇していくが，鉄 ^{56}Fe を通り過ぎる

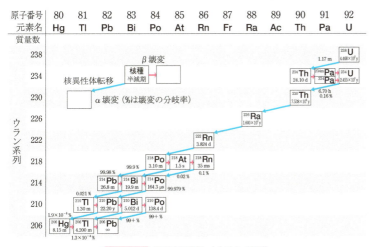

図 14.4 壊変系列図（ウラン系列）
ウラン U から出発して，α 壊変と β 壊変を繰り返し，最終的に鉛 Pb にたどりつくことが見てとれる．
[出典：理科年表 平成 27 年，丸善出版 (2015)]

と減少傾向に転じる．つまり，鉄 ^{56}Fe がもっとも安定であり，ウラン ^{238}U や水素 ^{2}H はさまざまな核反応のすえ，最終的に鉄 ^{56}Fe を目指すと解釈できる．同様に，水素原子やヘリウム原子といった軽元素は核融合をくり返すことによって鉄に近づいていく．第1章で述べたように，水素原子はビッグバン直後に生成された．その後，太陽のような恒星内部による核融合（水素燃焼ともいう）によってヘリウムが生成された．それ以降の元素の生成は，軽元素の燃焼の果ての恒星の終焉において爆発過程を伴って核融合により合成されたと考えられている．

鉄より重い重元素は分裂（核分裂）することによって，結合エネルギーの差の分だけのエネルギーを放出し，鉄より軽い軽元素は融合（核融合）

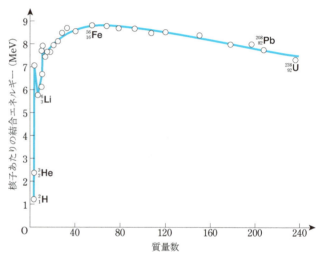

図 14.5　原子の質量数に対する核子あたりの結合エネルギー

核子あたりの結合エネルギーが高い同位体ほど安定である．鉄 ^{56}Fe がもっとも安定で，鉄より質量数が小さい同位体は核融合して鉄に近づき，鉄より質量数が大きな同位体は核分裂して鉄に近づいていく．

［原子核工学入門（上）　原著第3版．ピアソン・エデュケーション（2003）より引用］

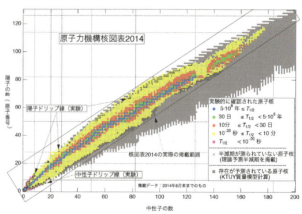

図 14.6　核図表

中性子数と陽子数を座標軸において同位体元素を表したものが核図表である．中性子数と陽子数がだいたい同じ数を含む核が安定であり，著しく偏った核（**中性子過剰核**や**陽子過剰核**）は不安定となる．

［出典：国立研究開発法人 日本原子力研究開発機構　核図表2014］

することによって結合エネルギーの差の分だけエネルギーを放出する．このことを踏まえて，各原子核の同位体がどのように核種壊変のモードをとるかを示したものが**核図表**である（図 14.6）．

> **参考 14.3 放射性崩壊様式**
>
> 図 14.7 のように，陽子の数を**原子番号**といい，通常 Z で表す．陽子の個数と中性子の個数の合計を**質量数**といい，A で表す．原子番号を使って化学反応の特性が近いものを並べたものが**周期表**である．原子番号が等しく質量数の異なる（つまり中性子数の異なる）原子を**同位体（アイソトープ）**という．同位体には**放射性崩壊する性質（放射能）**をもつ**放射性同位体**と，放射能をもたない**安定同位体**がある．放射性同位体の**放射性崩壊様式**には，つぎの3つがある（図 14.8）．
>
> 1. **α崩壊**：ヘリウム原子核（α線）が原子核から出てくる．たとえば
>
> $$^{238}_{92}\mathrm{U} \longrightarrow {}^{234}_{90}\mathrm{Th} + {}^{4}_{2}\mathrm{He} = {}^{234}_{90}\mathrm{Th} + \alpha \tag{14.1}$$
>
> 2. **β崩壊**：電子線（β線）を出す崩壊様式である．たとえば
>
> $$\mathrm{n} \longrightarrow \mathrm{p} + \beta^{-} + \bar{\nu}_e \quad (\beta^{-} \text{崩壊})\text{[通常]} \tag{14.2}$$
> $$\mathrm{p} \longrightarrow \mathrm{n} + \beta^{+} + \nu_e \quad (\beta^{+} \text{崩壊}) \tag{14.3}$$
>
> などがある．
>
> 3. **γ崩壊**：励起された原子核がγ線（高エネルギー電磁波）を放出する反応である．核種は変わらない．励起核がγ線を放出するまでの時間は短く，10^{-10} s 程度である．

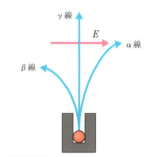

$$^{A}_{Z}\mathrm{X} = \begin{array}{l}\text{質量数}\\\text{原子番号}\end{array}\begin{array}{l}\text{元素}\\\text{記号}\end{array}$$

たとえば，$^{239}_{92}\mathrm{U}$

図 14.7 元素記号の一般的表記法

図 14.8 電場による崩壊様式の分別

放射性同位体に電場（または磁場）をかけると，力を受けて軌道がそれぞれの崩壊様式に応じて曲がるので，崩壊様式を判別できる．

> **参考 14.4 半減期**
>
> 不安定な原子核がいつ崩壊するかはわからないが，崩壊する確率は定まっている．崩壊によって，もとの原子核の半分の個数になる時間を**半減期**といい，
>
> $$N = N_0 \left(\frac{1}{2}\right)^{\frac{t}{T}} \tag{14.4}$$
>
> で表される．ここで，N は時間 t 後に残っている原子核数，N_0 ははじめの原子核数，T は半減期である．図 14.9 に示すように，1 半減期（T）経つと半分 $\frac{1}{2}\left(=\frac{1}{2^1}\right)$ に，2 半減期（$2T$）経つと $\frac{1}{4}\left(=\frac{1}{2^2}\right)$ に，3 半減期（$3T$）経つと $\frac{1}{8}\left(=\frac{1}{2^3}\right)$ になっていく．

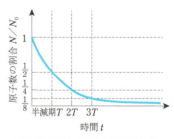

図 14.9 原子数の時間依存性

初期の原子数に対しての原子数は，指数関数的に減少していく．

§ 14.4 放射能と放射性物質

放射線とは α 線，β 線，γ 線という核壊変によって，原子核から放出される粒子線のことである．**放射能**とは，放射線を放出する能力のことをいい，単位時間あたりに多くの放射線を放出する核種を高い放射能をもつという．**放射性物質**とは，放射能をもつ物質の総称である．具体的には，ウラン U，プルトニウム Pu，トリウム Th などの**核燃料物質**，**放射性元素**（放射性同位体），または中性子を吸収して放射能をもつことになった**放射化物質**などである．放射線を放出する放射性物質と放射能が混同されることが多いので注意が必要である．

§ 14.5 放射線量

放射線が多い少ないといった定量的な議論は，放射線を浴びたことによって生じる原子のイオン化の量で記述するのが基本となっている．図 14.10 に示すように，放射性物質から放たれた照射線が標的物質に当たり，照射エネルギーの一部が標的物質に吸収され，残りのエネルギーが透過線として外部に出てくる．

照射線量は，国際放射線単位測定委員会（ICRU）によって，単位質量あたりのイオン化による電荷の変化総量と定義されている．照射線量の単位には慣用として**レントゲン R** が用いられ，つぎのようになる．

$$1\,\mathrm{R} = 2.58 \times 10^{-4}\,\mathrm{C/kg} \tag{14.5}$$

吸収線量は，α 線・β 線・γ 線といった線種やエネルギー線質によって変わってくる．吸収線量の SI 単位は**グレイ Gy** で表され，

$$1\,\mathrm{Gy} = 1\,\mathrm{J/kg} \tag{14.6}$$

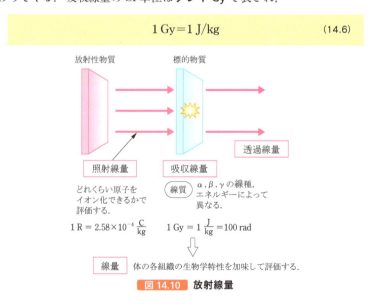

図 14.10　放射線量

である．1 Gy≈100 rad である（rad はラドと読む）．

標的物質が人体などの生物である場合，身体各組織の生物学的特性を加味して評価する．この場合の放射線量を単に**線量**とよぶことが多い．線量のSI 単位は**シーベルト Sv** で表される．線量は 1 Gy の吸収線量による線量当量である．吸収線量 1 rad の γ 線の線量当量は 1 rem（rem はレムと読む）と定義される．すると，1 Gy＝100 rem なので，つぎのようになる．

$$1\,\mathrm{Sv}=100\,\mathrm{rem} \tag{14.7}$$

§ 14.6 人体に対する放射線の影響

人体に対する大線量急性被ばくに関するデータは，原子爆弾の被害者や原子力事故の被害者によってもたらされている．急性被ばくの影響を考えるにあたって**早発影響**と**晩発影響**とを区別することが多い．早発影響は被ばく後 60 日以内に現れ，晩発影響は 60 日以上経ってから現れる影響をいう．

表 14.1 は 1,000 rem 程度までの急性全身線量を被ばくした際に現れる早発影響の臨床症状をまとめたものである．75 rem 以上の被ばくは医学的には**急性放射線症候群**（ARS）とよばれる．表 14.1 での死亡とは何ら医学的治療を受けなかった場合であることに注意*しよう．医学的な治療を受ければ生存率は上昇する．約 100 rem から 1,000 rem の範囲では血液に関して重大な影響が出てくる．線量が 1,000 rem から 5,000 rem の場合には胃腸障害がみられる．

*50 ％が 60 日以内に死亡する線量は人や大部分の哺乳類では約 340 rem 程度であると考えられている（参考文献[3]を参照）．

表 14.1 急性全身線量被ばくによる早発影響

急性線量 ［rem］	可能性のある臨床的症状
5〜75	染色体異常および白血球レベルが一時的に低下する個体が見られ始める．その他の効果は観察できず．
75〜200	被ばくした個人のうち 5〜50 ％の率で，数時間以内に疲労と食欲不振とともに嘔吐がみられる．厳しくない程度の血液変化がみられる．このような症状を示した個人の大半が，数週間以内に回復する．
200〜600	300 rem 以上の被ばくによって，すべての個人が 2 時間以内に嘔吐を始める．厳しい血液変化が現れるとともに，多量の出血を伴う．そして，とりわけ高い被ばく線量によっては感染傾向が強まる．300 rem 以上被ばくした個体では，約 2 週間後から脱毛が見られる．この被ばく線量領域の下方部の場合，ほとんどのヒトが 1 カ月から 1 年以内に回復する．この被ばく線量域の上端部の場合，生存率は約 20 ％である．
600〜1,000	1 時間以内に嘔吐が始まる．厳しい血液変化，出血，感染，脱毛が見られる．被ばくしたヒトの 80 ％〜100 ％が 2 カ月以内に死亡する．生存者の回復には長期間かかる．

*この表における全身線量は，体表面近くの軟組織において測定されたものである．身体へのエネルギー吸収によって，しばしば引用される内部（すなわち垂直方向中心線上）線量は，表中の値の約 70％ になる．

［原子核工学入門（下）原著第 3 版．ピアソン・エデュケーション（2005）より引用］

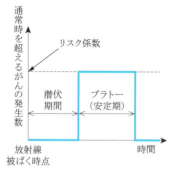

図 14.11 被ばくによって誘発されたがんの簡易化モデル

被ばく後 60 日以上たつ晩発影響の例ががんの誘発である．
［原子核工学入門（下）原著第 3 版．ピアソン・エデュケーション（2005）より引用］

　一度だけ全身に大量の被ばくを経験した人の晩発影響のデータは豊富にあり，その代表例ががんである．がん発生のリスクが潜伏期間を経て高まる．その発生リスクはほぼ一定で，その間を安定期（プラトー）という（図 14.11）．

例題 14.1 ある放射線障害事故で，年齢 30 歳の作業員が 25 rem（＝0.25 Sv）の急性全身線量被ばくを被った．この作業員が胸部がんにかかる確率を推定せよ．なお，胸部がんの潜伏期間は 15 年である．その後がんにかかる確率は 30 年間ほぼ一定であり，その値は $1.5\times10^{-6}\left(\dfrac{1}{\text{rem 年}}\right)$ とする．

解答 潜伏期間が 15 年であるので，45 歳になるまでは確率 0 である．作業員の被爆線量は 25 rem であるので，この期間（安定期の 30 年間：45 歳から 75 歳まで）に死亡する確率は

$$25\times30\times1.5\times10^{-6}=1.1\times10^{-3}$$

となる．パーセント表示で約 0.11 ％である．この作業員は 75 歳でリスク安定期が終了すると，放射線由来のがんにかかる確率はほぼ 0 となる．

参考文献

[1] 国立天文台（編），理科年表　平成 27 年，丸善出版（2015）
[2] J. R. Lamash, A. J. Baratta（著），澤田哲生（訳），原子核工学入門（上）原著第 3 版．ピアソン・エデュケーション（2003）
[3] J. R. Lamash, A. J. Baratta（著），澤田哲生（訳），原子核工学入門（下）原著第 3 版．ピアソン・エデュケーション（2005）

章末問題

14.1 つぎの同位体の陽子数および中性子の数を答えよ．$^{17}_{8}\text{O}$（酸素），$^{22}_{10}\text{Ne}$（ネオン），$^{56}_{26}\text{Fe}$（鉄）

14.2 $^{235}_{92}\text{U}$ が α 崩壊したあとの原子核を答えよ．

14.3 $^{14}_{6}\text{C}$ が β 崩壊したあとの原子核を答えよ．

14.4 半減期 T が経つと，娘粒子の個数 N が親粒子の個数 N_0 の 2 分の 1 になる．ラジウム $^{226}_{88}\text{Ra}$ の半減期は 1.6×10^3 年である．100 mol の $^{226}_{88}\text{Ra}$ が 25 mol になるのに何年かかるかを求めよ．

123

第 15 章
CT・MRI・PETの物理学
―X線・核磁気共鳴―

ねらい

画像診断技術と物理学は歴史的に見ても関係が深い．現在，頻繁に用いられている画像診断装置を概観しながら，X線や核磁気共鳴現象の物理について学ぶ．

§ 15.1 画像診断装置の特徴

外見では判断できない病状やけがの程度や原因を推定したりするために，X線検査やCT検査などが行われている．現在，医療現場で用いられている画像診断装置の特徴を 表15.1 に示す．

表 15.1 X線・CT・MRI・PETの特徴

検査名	長所	短所
X線	・簡便で短時間に多数の撮影が可能 ・ポータブル装置もある ・費用が安価	・一方向からの透視図で，奥行き方向の状態が判別しにくい
CT	・MRIやPETより短時間で撮影可能 ・X線より高精度の画像が得られる	・被ばく量がX線より多い
MRI	・放射線被ばくがない ・血管の鮮明な画像が得られる	・息止め時間が長い ・うるさい
PET	・全身を検査できる ・腫瘍を詳細に診断できる	・被ばく量が他の検査より多い ・サイクロトロンが必要でコストが高い

各画像診断装置には長所・短所があり，理解しておくことが重要である．

§ 15.2 X線の発見

1895年に物理学者レントゲンがクルックス管を用いた陰極線の実験中に遮光された蛍光板が感光していることに気づいた．クルックス管から何かが放射され蛍光板を感光しているところまでレントゲンはつきとめたが，その原因となる線源をついに特定できなかった．そこで，レントゲンは正体不明の光線という意味で，その線源を**X線**と名づけた．後の研究により，クルックス管の陰極・陽極の双方の電極に使われていた白金Ptの殻外電子が**陰極線（電子線）**によってたたき出された際に放出された**特性X線**であったことが判明した．

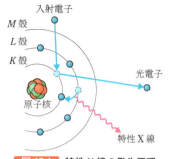

図 15.1 特性 X 線の発生原理

図 15.1 のように，入射電子がはじき出した電子の空位を埋めるために上位のエネルギー準位から電子が遷移して準位差に応じて定まる波長（振動数）をもった電磁波が放出される．**特性 X 線は，発生源のエネルギー準位，つまり原子構造を反映する**．可視光より高いエネルギーをもつ光は人間の眼では知覚できない．このため，クルックス管から発生した白金 Pt の特性 X 線は肉眼ではとらえることができなかったのである．

例題 15.1 X 線管を流れる電流を i，電圧を V，対陰極物質の原子番号を Z とすると，単位時間あたりの X 線強度 I[W] は，$I = 10^{-9} \times ZiV^2$ で与えられる．対陰極に白金 Pt（$Z=78$）を用い，$V=20$ kV，$i=10$ mA とした場合の X 線強度を求めよ．

解答

$I = 10^{-9} \times 78 \times 10 \times 10^{-3} \times (20 \times 10^3)^2 = 0.31$ W

§ 15.3 CT の原理

1979 年，X 線 CT の発明により，電子技術者ハンズフィールドと物理学者コーマックにノーベル生理学・医学賞が授与された．**CT** とは computed tomography の略であり，**コンピュータ断層撮影**ともよばれる．X 線画像を全周 360°にわたって撮影し，そのデータをコンピュータ内で合成して，断層像を得ている．

図 15.2 に CT 装置の外観を示す．患者を乗せる架台と X 線発生装置と **X 線受光素子列（シンチレータ列）**が対角的に配置されたリング形状の測

図 15.2 CT 装置の外観
高精細 CT 装置 Aquilion ONE/GENESIS Edition™
［出典：キヤノンメディカルシステムズ株式会社］

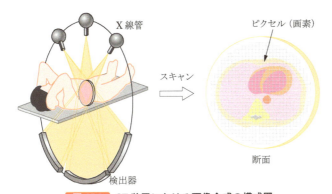

図 15.3 CT 装置における画像合成の模式図
さまざまな角度から撮影した画像を重ね合わせて立体画像を合成していく．
[内藤博昭「医用画像の基礎：CT の原理と実際」を参考に作成]

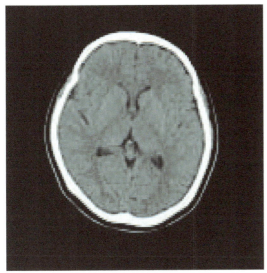

図 15.4 CT 画像の例（頭部単純 CT 画像）
[出典：鹿児島大学病院]

定機器から構成される．架台がリングの内側をスライドすることにより，測定部位をずらしながら測定していく．この測定手順は後に説明する MRI 装置や PET 装置においても同様である．受光素子列を多くすることで，X 線 1 回照射あたりのデータ取得数が増え撮影時間が短縮され，患者の放射線被ばく量を低減させることができる．

　図 15.3 に示すように，回転可能な測定器を回転させて，さまざまな角度からの X 線画像を取り込む．取り込んだ画像データから患者の断面画像を立体画像に合成して出力している．図 15.4 に CT 画像の具体例として頭部単純 CT 画像を示す．

§ 15.4 MRI の原理

　MRI とは Magnetic Resonance Imaging の略であり，**核磁気共鳴画像法**

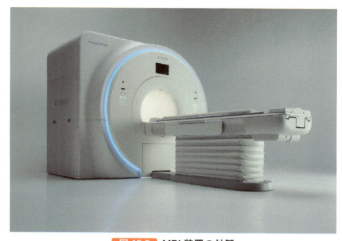

図 15.5 MRI 装置の外観
1.5 T MRI 装置 Vantage Orian™
[出典：キヤノンメディカルシステムズ株式会社]

ともよばれる．原子核を構成する核子（陽子や中性子）に特定の電磁波を吸収させて（共鳴させて），**磁気能率の反応**を検出し生体内の情報を画像化する方法である．

図 15.5 に MRI 装置の外観を示す．装置全体は CT 装置とよく似ており，患者を乗せる架台とドーナツ形状の測定機器で構成される．ただし，CT と MRI では測定原理が大きく異なる．MRI は水素原子の原子核（陽子）に電磁波を当てて，そのエネルギーを吸収させ，その反応を見ている．人間の体の約 3 分の 2 は水であり，水 1 分子あたり 2 つの水素原子がある．つまり，人間体内には非常に多くの水素原子が存在する．このため，水素原子核の陽子の密度，励起状態およびその**緩和時間**[*1]などを調整して，画像を得る．

本来，磁気共鳴現象は量子力学によって記述されるが，MRI においては陽子に対する古典的な描像でも理解することができる．磁気双極子に外部から磁場をかけると磁力がはたらき，引きつけあったりしりぞけあったりする．水素原子の原子核，すなわち陽子はスピンという自転に似た**角運動量**をもち，その結果，磁気双極子と同様の性質（**磁気双極子モーメント**）をもつことが知られている．陽子に外部磁場をかけると，磁力によってトルクが生じ，その結果，スピンの軸方向がゆっくりと回転運動を始める（この運動を**歳差運動**[*2]という）．陽子歳差運動の固有の回転エネルギーと同じ周波数をもつ電磁波などからのエネルギー照射を外部から受けると，陽子歳差運動はエネルギーを吸収して励起状態となる．励起状態は一定の割合でもとの状態に戻っていく（**緩和現象**）．この緩和現象からの信号を取り出し，コンピュータ内で合成して画像を出力しているのである．

図 15.6 に MRI 画像の具体例を示す．MRI 画像は，体内の水素原子の原子核からの電磁波の強弱（信号強度）によって，白黒のコントラストで表現される．黒く写るのは低信号，白く写るのは高信号である．

[*1] ここでは，もとの状態に戻るまでの時間のことを指す．

[*2] 歳差運動は重力によってトルクを受けるコマや地球などの天体にも見られる一般的な現象である．

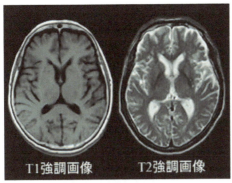

図 15.6 MRI 画像の例（頭部）
[出典：鹿児島大学病院]

> **参考 15.1 核磁気共鳴**
>
> **核磁気共鳴**（Nuclear Magnetic Resonance, NMR）とは，原子核がもつ**磁気モーメント**（N 極と S 極のペアがもつ量）と外部磁場が相互作用することによって分裂する準位（**ゼーマン準位**）間のエネルギー差と等しいエネルギーをもつもの（電磁波）を外部から与えると起きる**共鳴吸収**のことである．これは，磁気モーメントをもつコマが回転しているところに磁場をかけると**歳差運動**をすることの類推で理解できる．歳差運動の角振動数 $\omega = \gamma B$（ここで，γ は**核磁気回転比**，B は磁場の磁束密度）に対応する振動数 $\omega / 2\pi$ をもつ電磁波が共鳴的に吸収される．たとえば，陽子の場合，0.1 T（テスラ，磁束密度の単位）の静磁場中で固有振動数が 4260 kHz となり，ラジオ波帯域の電磁波で共鳴が生じる．

§ 15.5 PET の原理

PET とは Positron Emission Tomography の略であり，**陽電子放射断層撮影法**ともよばれる．図 15.7 に PET 装置と CT 装置を組み合わせた PET/CT 装置の概観を示す．PET/CT 装置は測定部分が二重になっているので装置が大きくなる．

図 15.8 に PET 画像と CT 画像と PET/CT 画像の具体例を示す．PET 画像では，陽電子を放射する同位体と結合した分子が集まるところの信号強度が高くなり（黒く，赤く）なる．図 15.8 では，ブドウ糖に半減期が約 1 時間半のフッ素 F の同位体を付加させた薬剤を検査前に体内に注入して，ブドウ糖が集まっている様子を見ている．脳は糖を大量に消費するので，図では黒く（赤く）なるのである．

半減期が短い**陽電子放出核種同位体**を表 15.2 に示す．この同位体をブ

表 15.2 半減期が短い陽電子放出核種同位体の例

核種	半減期（分）
^{11}C	20.4
^{13}N	9.96
^{15}O	2.03
^{18}F	109.8
^{68}Ga	68.3

[参考文献[3]を参考に作成]

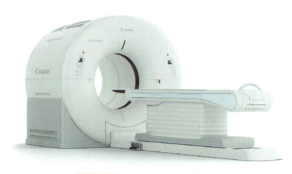

図 15.7 PET/CT 装置の外観
PET-CT システム Celesteion™
[出典：キヤノンメディカルシステムズ株式会社]

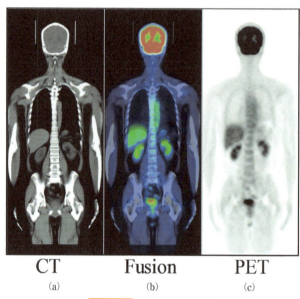

図 15.8 PET/CT 画像の例
(a) CT 画像　(b) PET/CT 合成画像　(c) PET 画像
[出典：北村圭司，PET の原理と画像再構成，*MEDICAL IMAGING TECHNOLOGY*, Vol. 28, No. 5, pp. 381-384 (2010)]

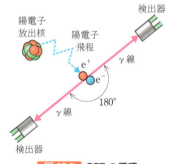

図 15.9 PET の原理
[参考文献[3]を参考に作成]

ドウ糖に付加し体内に注入すると，糖代謝が激しいがんの病巣などの部位に滞留し，そこで電子の反粒子である陽電子を放出する．この陽電子と体内の電子とが対消滅し，2 個の光子（γ 線）が運動量保存則のため，正反対の方向に電子の静止質量分のエネルギー（511 keV）をもって飛び出していく．この 2 個の光子を検出することによって，対消滅が発生した位置を特定することができる（図 15.9）．このような素粒子の消滅や生成を取り扱う理論を **場の量子論** という．

参考文献

[1] 後藤昇，下山達宏，本田晋久，田中敬生（著），コメディカルのための画像の見かた，エックスナレッジ（2013）
[2] 森一生，山形仁，町田好男（編著），CT と MRI，コロナ社（2010）
[3] 北村圭司，PET の原理と画像再構成，*MEDICAL IMAGING TECHNOLOGY*, Vol. 28, No. 5, pp. 381-384 (2010)

章末問題

15.1 X線とγ線の区別は，波長によるものではない．電子状態の遷移によって発生するものがX線，原子核状態の遷移によって発生するものがγ線である．X線の波長は約1×10^{-12} m～1.00×10^{-8} m であり，γ線の波長は約2×10^{-12} m より短い．X線の特徴的な波長の値として$\lambda_X = 1.0 \times 10^{-10}$ m，γ線の特徴的な波長の値として$\lambda_\gamma = 1.0 \times 10^{-15}$ m を用いて，光子1個あたりのエネルギーを，関係式

$$E = \frac{hc}{\lambda}$$

から求めよ．ここで，プランク定数は$h = 6.63 \times 10^{-34}$ J・s，光速は$c = 3.00 \times 10^{8}$ m/s を用いよ．さらに，1.60×10^{-19} J/eV を用いて，eV の単位で見積もれ．

第 16 章
化学反応と物理学
―量子力学の視点―

ねらい

量子力学の計算原理からコンピュータを使って化学反応を再現したり，予言したりすることができるようになってきた．本章では，量子力学を紹介しながら，これらについて学ぶ．

§ 16.1　前期量子論

化学反応とは，原子を構成する電子のやり取りによる**相互作用**であり，原子・分子というミクロな系で生じている．このようなミクロな系を記述するのが**量子力学**である．量子力学は 20 世紀初頭，それまでの物理学では説明できなかった**黒体放射**や**光電効果**といった現象がクローズアップされたことに端を発する．

黒体放射について，物体の温度と物体から放射される電磁波の波長（振動数（周波数））の関係で，20 世紀に入り理論的に定式化されることが求められていた．そこで，物理学者プランクが，後に**プランク定数**とよばれる定数（$h = 6.626 \times 10^{-34}$ J・s）を導入し，定式化に成功した．

一方，光電効果とは，金属板に紫外線などの波長の短い光を当てると，たちどころに電子が飛び出てくる現象である．この現象を説明するために，物理学者アインシュタインは「光も運動量をもつ粒子としてふるまう」と仮定し，それを**光量子（フォトン）**と名づけた．フォトンのエネルギー E はプランク定数 h を用いて，$E = h\nu$ と書き表される．ここで，ν は光の振動数である．

参考 16.1 「マクロな系」と「ミクロな系」

これまで学んできた「力学」「熱力学」「電磁気学」は，我々が日常的に直接観察できる事物を扱ってきた．このような対象を「マクロな系（巨視的な系）」という．

20 世紀に入ると，原子や分子の構造や，それら同士の相互作用について考察する必要性にせまられてきた．これら小さな系，つまり「ミクロな系（微視的な系）」に対する学問として，「量子力学」「場の量子論」という分野ができあがってきた．

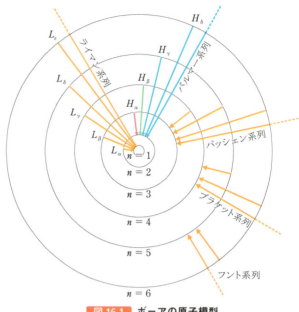

図 16.1 ボーアの原子模型

このようにして，光と物質（つまり原子）との相互作用の理解が進むと，原子の構造についての疑問が生じてきた．1890 年，物理学者リュードベリの考察によって，原子から放射される光の波長が

$$\frac{1}{\lambda} = R\left|\frac{1}{m^2} - \frac{1}{n^2}\right| \tag{16.1}$$

の関係を満たしていることがわかった．ここで，$R = 1.097 \times 10^7 \, \mathrm{m^{-1}}$ は**リュードベリ定数**とよばれる原子の種類によらない定数であり，n と m は整数である．原子内には整数で指定される構造があると推測される．

1909 年，物理学者ラザフォードらが金箔に α 線（ヘリウム原子核）を照射する実験を行った．当初すべての α 線は容易に金箔を通り抜けると予想されたが，結果は一部の α 線が跳ね返された．これは，例えるなら紙に銃弾を撃ち込んだら跳ね返ってきたようなものであり，内部に大質量の粒子がなければ説明できない現象であった．これが**原子核の発見**である．

原子核の発見を受けて，物理学者ボーアは中心に正の電荷をもった原子核のまわりにとびとびの層状の殻[*1]を考えた．この模型は**ボーアの原子模型**とよばれる（図 16.1）．ボーアの原子模型は水素原子から放射される輝線を説明することができた．ボーアの原子模型の確立までを**前期量子論**とよぶ．

[*1] ボーアは軌道を定める条件として，**ボーアの量子化条件** $m_e v r = n \dfrac{\hbar}{2\pi}$ を導入した．ここで，n は自然数で，軌道の内側から $n = 1, 2, \ldots$ となる．

[*2] ここでは，水素原子から出てくる光の波長による分解．

例題 16.1 つぎの問いに答えよ．

ボーアの水素原子模型では，水素原子のスペクトル[*2]は $\dfrac{1}{\lambda} = R\left|\dfrac{1}{n_f^2} - \dfrac{1}{n_i^2}\right|$ で与えられる．ここで，$R = \dfrac{m_e e^4}{8\varepsilon_0^2 h^3 c}$ はリュードベリ定数である．また，電

子の質量を $m_e=9.11\times10^{-31}\,\mathrm{kg}$,電気素量を $e=1.60\times10^{-19}\,\mathrm{C}$,真空の誘電率を $\varepsilon_0=8.85\times10^{-12}\,\mathrm{F/m}$,プランク定数を $h=6.63\times10^{-34}\,\mathrm{J\cdot s}$,光速を $c=3.00\times10^8\,\mathrm{m/s}$ とする.

(1) リュードベリ定数を有効数字3桁で計算せよ.

(2) 可視部のスペクトル*であるバルマー系列($n_f=2$)の波長を有効数字3桁で計算せよ.ここで,$n_i=3,4,5$ の場合とせよ.

*水素原子から出てきた光の中で可視光帯の波長をもつ光.

解答

(1) $R=1.09\times10^7\,\mathrm{m}^{-1}$

(2) 問題にある式より

$$\lambda=\frac{(n_i n_f)^2}{R(n_i{}^2-n_f{}^2)}$$

の関係が得られる.よって,

（ⅰ）$n_i=3,\,n_f=2$ の場合

$$\lambda=\frac{(3\times2)^2}{1.09\times10^7\times(3^2-2^2)}=0.661\,\mathrm{\mu m}\quad（赤色）$$

（ⅱ）$n_i=4,\,n_f=2$ の場合

$$\lambda=\frac{(4\times2)^2}{1.09\times10^7\times(4^2-2^2)}=0.489\,\mathrm{\mu m}\quad（緑青色）$$

（ⅲ）$n_i=5,\,n_f=2$ の場合

$$\lambda=\frac{(5\times2)^2}{1.09\times10^7\times(5^2-2^2)}=0.437\,\mathrm{\mu m}\quad（紫色）$$

となる.

§ 16.2　シュレーディンガー方程式

1926年,物理学者シュレーディンガーは光子の粒子性と波動性とが成立するように作られた方程式

$$\left(-\frac{\hbar^2}{2m}\nabla^2+V\right)\Psi=i\hbar\frac{\partial}{\partial t}\Psi \tag{16.2}$$

を導出した.これを**シュレーディンガー方程式**とよぶ.ここで,Ψ（プサイ）は**波動関数**とよばれ,粒子の状態を表している.このため,シュレーディンガー方程式は**状態関数**とよばれることもある.また,$\hbar$ はプランク定数を 2π で割った値であり $\left(\hbar=\dfrac{h}{2\pi}\right)$,$\vec{\nabla}$ は微分演算子でナブラと読む $\left(\vec{\nabla}=\left(\dfrac{\partial}{\partial x},\dfrac{\partial}{\partial y},\dfrac{\partial}{\partial z}\right)\right)$.$V$ はポテンシャルエネルギー,i は**虚数単位**で $i=\sqrt{-1}$ である.

式(16.2)の左辺第1項 $-\dfrac{\hbar^2}{2m}\nabla^2$ は運動エネルギーに対応している．つまり式(16.2)の左辺は全力学的エネルギーに対応しており，$H=-\dfrac{\hbar^2}{2m}\nabla^2+V$ と書いて，H を**ハミルトニアン演算子**とよぶ．また，右辺の $E=i\hbar\dfrac{\partial}{\partial t}$ を**エネルギー演算子**とよぶ．

すると，シュレーディンガー方程式(16.2)は

$$H\Psi = E\Psi \tag{16.3}$$

と書き表すことができる．E を**エネルギー固有値**とよぶことがある．

シュレーディンガー方程式の解釈がその後大きな問題となった．19世紀以前の物理学（力学・電磁気学・熱力学など）を古典論と称して区別すると，古典論においては状態・物理量・測定値といった概念をあまり意識して区別することはなかった．しかし量子力学では，これらをはっきりと区別し，実験のデータとの比較などの科学的議論のすえ，つぎのように対応づけることとなった．

状態 ⇔ 波動関数 Ψ

物理量 ⇔ 演算子 $\hat{A}$

測定値 ⇔ 期待値 $\displaystyle\int \Psi^* \hat{A}\Psi \mathrm{d}v$

これらの対応関係を**対応原理**という．この対応原理の理論の裏づけはいまだなされてはいない．このため，アインシュタインがかつてそうであったように，量子力学に対して懐疑的な人々がいまだにいる．しかし1920年代から今日に至るまで，原子・分子・素粒子に関する実験データを量子力学は極めて高い精度で再現することに成功している．つぎに述べるように，化学反応や生命化学反応にいたるまで，その原理的な説明をすることにも量子力学は成功しているのである．

§ 16.3 水素原子と量子力学

原子や分子といったミクロな世界を対象とする量子力学の基本方程式であるシュレーディンガー方程式で静電気力を考慮して計算すると，水素原子の電子状態を厳密に記述することができる．**水素原子の厳密解から元素の周期表**をおおむね理解できる．その際，重要な役割を担うのが**パウリの排他律**とよばれるもので，それは同じ量子状態に2つの粒子が占有することはできないというものである．水素原子の量子状態は**軌道量子数**，**方位量子数**，**磁気量子数**および内部量子数である**スピン量子数**（上向きスピ

ン・下向きスピン）によって指定される．

　シュレーディンガー方程式に静電場のポテンシャルエネルギーを代入して3次元極座標のもとで解くと，水素原子の波動関数は厳密につぎのように書き下すことができる．

$$\Psi(r,\theta,\varphi)=R_{n,l}(r)\,Y_{l,m_l}(\theta,\varphi) \tag{16.3}$$

ここで，$R_{n,l}(r)$ は**ラゲールの陪関数**といい，

$$R_{n,l}(r)=-\left(\frac{2}{na_0}\right)^{\frac{3}{2}}\left[\frac{(n-l-1)!}{2n\{(n+l)!\}^3}\right]^{\frac{1}{2}}\left(\frac{2r}{na_0}\right)^l\exp\left(\frac{r}{na_0}\right)L_{n+l}^{2l+1}\left(\frac{2r}{na_0}\right) \tag{16.4}$$

で表される．ここで，$L(r)$ は**ラゲールの多項式**とよばれる．$a_0=\dfrac{\varepsilon_0 h^2}{\pi m_e e^2}=$ 0.529×10^{-10} m は**ボーア半径**，$n\,(=1,2,3,...)$ は**主量子数**，$l\,(=0,1,2,...,$ $n-1)$ は**方位量子数**である．また，$Y_{l,m_l}(\theta,\varphi)$ は**球面調和関数**であり，$m_l\,(=0,\pm1,\pm2,...,\pm(2l+1))$ は**磁気量子数**である．**エネルギー固有値** E_n は

$$E_n=-\frac{m_e e^2}{8\varepsilon_0 h^2}\frac{1}{n^2}=-\frac{\hbar^2}{2m_e a_0^2}\frac{1}{n^2} \tag{16.5}$$

で与えられる．

例題 16.2 電子の質量を $m_e=9.11\times10^{-31}$ kg, $\hbar=1.05\times10^{-34}$ J·s, $a_0=0.529\times10^{-10}$ m として，$n=1$ の場合のエネルギー固有値を求めよ．

解答
$E_1=-2.16\times10^{-18}$ J $=-13.5$ eV．ここで，1.60×10^{-19} J/eV を用いた．

　1つの水素原子の波動関数（16.3）およびエネルギー固有値（16.5）から，各量子数に対応するエネルギー準位および軌道形状の期待値を求めることができる（ 図16.2 ）.

　もっともエネルギー準位が低い状態は，主量子数 n が1，方位量子数 l が0，磁気量子数 m が0の状態（$1s$ 状態）であり，その値は $E_1=-13.5$ eV（この値を**基底エネルギー**とよぶ）で**基底状態**とよばれる．基底状態から一番近い励起状態は量子数の組み合わせが $(n,l,m)=(2,0,0)$ である $2s$ 状態である．$1s$ 状態と $2s$ 状態は軌道（厳密には，見出される確率の期待値の空間分布）が球形となっている．つぎの励起状態は $(n,l)=(2,1)$ の $2p$ 状態である．この $2p$ 状態に磁場をかけると3つの準位に分裂する*．その3つの状態に対応するのが図16.2に示された串刺し状のお団子2つの形をした

＊分裂の大きさは外部磁場の大きさに依存し，大きな磁場をかければ大きく分裂する．

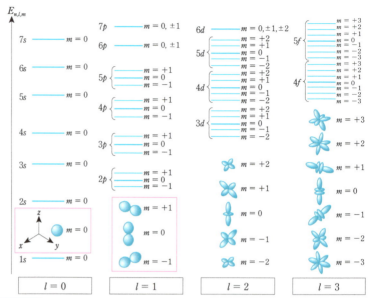

図 16.2 水素原子のエネルギー準位と方位量子数による電子が見い出される確率の分布による電子軌道の模式図
$l=0$ が s 波，$l=1$ が p 波，$l=2$ が d 波，$l=3$ が f 波を表している．

軌道である（p 軌道）．3 つに分裂した状態は x 軸方向，y 軸方向，z 軸方向にそれぞれ串刺されている状態に対応している．図 16.2 より，それ以降の励起状態のエネルギー準位は近いので互いに明確に判別することが困難になってくる．

§ 16.4 水素類似原子による周期表解釈

これまで述べてきたように，単独の水素原子の電子状態を量子力学によって厳密に記述することができる．ところが，原子番号 2 番のヘリウム He 以降の元素に対して厳密に解くことは非常に複雑であるためできない．しかし，原子番号 2 番以降の原子に対して元素の最外殻の 1 つの電子のみが実効的な価電子であり，それ以外の電子は原子核の正荷電とキャンセルするという近似を適用すると，図 16.2 の水素原子の荷電子の状態を各元素に適用することができる．その結果，電子軌道の形状[*]から各原子の固有の結合角を説明することができる．

[*] 球面調和関数 $Y_{l,m_l}(\theta,\varphi)$ による角度依存性によって求めることができる．

参考 16.2 化学反応の種類

化学反応は，化学的な結合を原子同士で結んだり，解離したりすることによって生じていると考えてよい．原子同士の反応は**静電気力**（**クーロン力**）が基本となっている．化学結合の代表的なものをつぎに挙げる．

イオン結合：原子の外側の電子（**最外殻電子**）が奪われたり，余分に与えられたりして帯電した原子間にはたらく静電気力による結合である．たとえば

$$\mathrm{Na^+ + Cl^- \rightleftarrows NaCl}$$

などである．

共有結合：パウリの排他律より，上向きスピンの電子と下向きスピンの電子であればペアをつくって同一のエネルギー状態にあり続けることができる．この性質から不対電子*のペアによる結合を共有結合という．図 16.3 のように，水素分子は水素原子同士の共有結合ととらえることができる．

$$\mathrm{H\cdot + \cdot H \longrightarrow H:H}$$

配位結合：静電気力と共有結合による結合である．例として，アンモニウムイオンがある（図 16.4）．

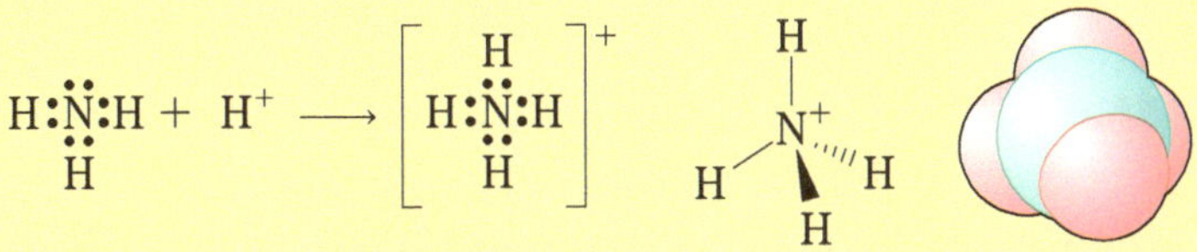

$$\mathrm{H:\underset{H}{\overset{H}{N}}:H + H^+ \longrightarrow \left[H:\underset{H}{\overset{H}{N}}:H\right]^+}$$

図 16.4 アンモニウムイオン

金属結合：静電気力と共有結合と共鳴による結合である．自由電子が結晶全体で共有され，その電子が外部電場の変化に追従することができるため（図 16.5），いわゆる金属光沢を生じる．

ファンデルワールス結合（分子間結合）：等電荷量の正負の電荷の一対を**電気双極子**という．電気双極子間の静電気力による分子間結合は，イオン結合や共有結合と比べてはるかに弱い．

水素結合：分子中の正に帯電した水素原子と他の分子の負に帯電した原子との静電気力による結合である．例としては，水 $\mathrm{H_2O}$ が 50～60 個程の集団（クラスター）を形成するのは水素結合によると考えられている．

＊パウリの排他律によって同一エネルギー準位には，スピンの上と下の2つの電子が入ることができる．

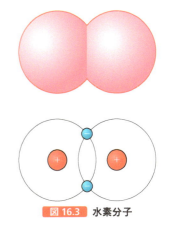

図 16.3 水素分子

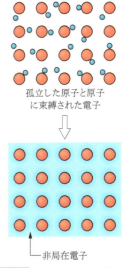

図 16.5 金属結合による自由電子

§ 16.5 化学反応と量子力学 —量子化学入門—

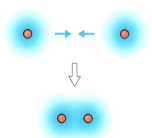

図 16.6 電子雲の重なり合い
図中の赤の点が原子核を表し、青い斑点が電子の見出される確率を表している（青色が濃い部分が電子の見出される確率が大きい）．

*1 ギリシャ文字の σ（シグマ、sigma）は、アルファベット文字の s に対応する文字である．

*2 ギリシャ文字の π（パイ、pi）は、アルファベット文字の p に対応する文字である．

図 16.6 のように、電子雲の重なりが大きければ大きいほど化学的結合力が大きいと解釈することができる[1]．この場合、球対称軌道である s 波同士の重なり合いによる結合を **σ結合**[*1]という．一方、串刺しお団子軌道である p 波同士の結合を **π結合**[*2] という．図 16.7 のように、π結合は 2ヵ所で軌道が重なり合って結合している．これは、二重結合していると表現することがある．

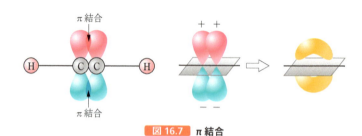

図 16.7 π 結合
p 波同士の重なり合いによる結合を π 結合という．

混成軌道とは、s 軌道や p 軌道などの異なる軌道から作られた新たな軌道のことである．図 16.8 は s 軌道と p 軌道を 1 個ずつ混成させた **sp 混成軌道**の波動関数を示している．混成軌道では、軌道が片方に大きく張り出している．これは化学結合する際に軌道の重なりが大きくなることになり、結合形成に有利にはたらく．混成軌道の個数は原料軌道[*3]の個数に等しく、エネルギーは原料軌道エネルギーの平均値となる．

*3 混成軌道を形づくる原料となる軌道．

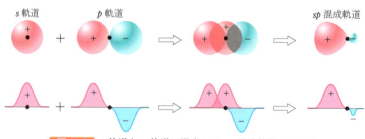

図 16.8 s 軌道と p 軌道が混合して sp 混成軌道ができる

図 16.9 は炭素の sp^3 **混成軌道**を示している．sp^3 の 3 は 3 個の p 軌道が関係している．混成軌道は原料軌道の個数と同じ 4 個であり、すべて同一の形をしている．混成軌道は互いに 109.5° で交わっている．このため、混成軌道の頂点を結ぶと**正四面体**となる．4 個の混成軌道のエネルギーはすべて等しいので、炭素の 4 個の L 殻電子は 4 個の混成軌道に 1 つずつ入る

ことになる．この結果，炭素の不対電子数は4個となり，炭素は4本の共有結合を作ることができる．

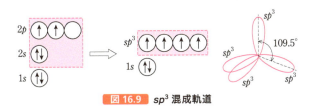

図 16.9 sp^3 混成軌道

sp^2 混成軌道は1個の s 軌道と2個の p 軌道からできた混成軌道であり，全部で3個となる（図 16.10）．混成軌道に関与しなかった p 軌道は，混成軌道が乗る平面を垂直に突き刺すように存在する．炭素の4個の L 殻電子は，3個の混成軌道と1個の p 軌道に1個ずつ入る．

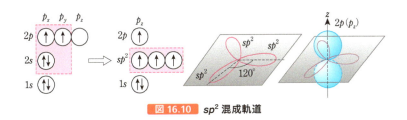

図 16.10 sp^2 混成軌道

sp 混成軌道は，1個の s 軌道と1個の p 軌道からできた混成軌道であり，全部で2個ある（図 16.11）．2個の混成軌道は一直線上で互いに反対向きとなる．混成軌道に関与しなかった2個の p 軌道は，混成軌道が作る直線に互いに直交するように交わる．炭素の4個の L 殻電子は，2個の混成軌道と2個の p 軌道に1個ずつ入る．

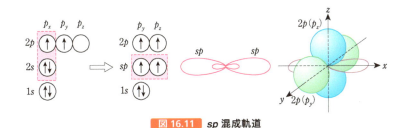

図 16.11 sp 混成軌道

発展 16.3 分子軌道法

　ここまで量子力学を用いて，電子軌道の様子を考えた．量子力学では，微小粒子の挙動はシュレーディンガー方程式から求められる．ところが，3体以上の少数多体系ではシュレーディンガー方程式を厳密には解けないので，近似計算法が重要になってくる．近似計算法の1つが**分子軌道法**である．分子軌道法の考え方は20世紀中頃には完成されたが，膨大な計算を必要とするので，実用化したのはコンピュータが発達した20世紀後半になってからである．分子軌道計算法では波動関数を，原子軌道関数 $\varphi_i (i=1, 2, ...)$*の線形結合

$$\Psi = c_1\varphi_1 + c_2\varphi_2 + c_3\varphi_3 + \cdots \tag{16.6}$$

として近似する．この波動関数をエネルギー固有値の式

$$E = \frac{\int \Psi^* H\Psi dv}{\int \Psi^* \Psi dv} \tag{16.7}$$

に代入して，エネルギー固有値 E を計算するときに，E ができるだけ小さくなるように，関数の係数 $c_1, c_2, c_3, ...$ を決定していく（より厳密には変分法によって決定していく）．

*原子核のまわりの電子の軌道状態に対応する波動関数．

参考文献

[1] 尾上順（著），量子論の基礎から学べる　量子化学，近代科学社（2012）
[2] 齋藤勝裕，伊藤和明（著），マンガ＋要点整理＋演習問題でわかる　量子化学，オーム社（2012）

章末問題

16.1 水素原子を電離（イオン化）したい．光（電磁波）を照射して電離する場合，どんな波長の光（電磁波）を用意すればよいかを答えよ．ただし，水素の基底エネルギーは $-13.4\,\mathrm{eV}$，プランク定数は $h = 6.63 \times 10^{-34}\,\mathrm{J \cdot s}$，光速は $c = 3.00 \times 10^8\,\mathrm{m/s}$，$1.60 \times 10^{-19}\,\mathrm{J/eV}$ とする．

≪ 章末問題解答 ≫

1.1

(1) 3.765×10^{-23} J（宇宙背景放射の1個の光子あたりのエネルギー）

(2) 3.163×10^{-26} J・m（$= 1.974 \times 10^2$ MeV fm, 単位換算の際によく使う値）

(3) $7.293 \times 10^{-3} = \left(\dfrac{1}{137.1}\right)$（微細構造定数）

(4) 1.616×10^{-35} m（プランク長さ）

(5) 5.392×10^{-44} s（プランク時間）

(6) 2.177×10^{-8} kg（プランク質量）

1.2

(1) 138 億年 $= 1.38 \times 10^{10}$ 年

$$= 1.38 \times 10^{10} \text{ 年} \times 365 \, \frac{\text{日}}{\text{年}}$$

$$= \underline{5.04 \times 10^{12} \text{ 日}}$$

$$= 5.04 \times 10^{12} \text{ 日} \times 24 \, \frac{\text{時}}{\text{日}}$$

$$= \underline{1.2 \times 10^{14} \text{ 時}}$$

$$= 1.2 \times 10^{14} \text{ 時} \times 3600 \, \frac{\text{s}}{\text{時}}$$

$$= \underline{4.3 \times 10^{17} \text{ s}}$$

(2) $3.00 \times 10^8 \, \dfrac{\text{m}}{\text{s}} \times 3.15 \times 10^7 \, \dfrac{\text{s}}{\text{年}} = \underline{9.45 \times 10^{15} \, \dfrac{\text{m}}{\text{年}}}$

(3) 1 光年 $= 3.00 \times 10^8 \, \dfrac{\text{m}}{\text{s}} \times 3.15 \times 10^7 \text{ s}$

$$= \underline{9.45 \times 10^{15} \text{ m}}$$

(4) 1 光分 $= 3.00 \times 10^8 \, \dfrac{\text{m}}{\text{s}} \times 60 \text{ s} = \underline{1.8 \times 10^{10} \text{ m}}$

(5) $1 \text{ au} = \dfrac{1.50 \times 10^{11}}{1.8 \times 10^{10}} = \underline{8.3 \text{ 光分}}$

2.1

(1) 1 年は 3.15×10^7 s であるので,

$$\frac{54.4 \times 10^{23} \, \dfrac{\text{J}}{\text{年}}}{3.15 \times 10^7 \, \dfrac{\text{s}}{\text{年}}} = 1.73 \times 10^{17} \text{ W} = 173 \text{ PW}$$

となる. 最後の等式において, SI接頭語 P（ペタ）$= 10^{15}$ を用いた.

(2) 地球の断面積は $S_e = R_e^2 \pi = 1.278 \times 10^{14}$ m^2 であるので, $\dfrac{1.73 \times 10^{17} \text{ W}}{1.278 \times 10^{14} \text{ m}^2} = 1.35 \times 10^3 \, \dfrac{\text{W}}{\text{m}^2}$ となる.

(3) $\dfrac{6.21 \times 10^2 \, \dfrac{\text{J}}{\text{s m}^2}}{4.186 \, \dfrac{\text{J}}{\text{cal}}} = 1.48 \times 10^{-2} \, \dfrac{\text{cal}}{\text{s cm}^2}$ となる.

ここで, $1 \text{ m}^2 = 10^4 \text{ cm}^2$ を用いた.

(4) $5.44 \times 10^{24} \, \dfrac{\text{J}}{\text{年}} \times 4.7 \times 10^9 \text{ 年} = 2.6 \times 10^{34}$ J となる.

(5) $1 \text{ eV} = 1.60 \times 10^{-19}$ J とアボガドロ定数 $N_A = 6.02 \times 10^{23}$ 個/mol を用いて, $\dfrac{5.500 \times 10^6 \, \dfrac{\text{J}}{\text{mol}}}{6.02 \times 10^{23} \, \dfrac{\text{個}}{\text{mol}}}$

$$= 9.14 \times 10^{-18} \, \frac{\text{J}}{\text{個}} = \frac{9.14 \times 10^{-18} \, \dfrac{\text{J}}{\text{個}}}{1.60 \times 10^{-19} \, \dfrac{\text{J}}{\text{eV}}} = 57.1 \, \frac{\text{eV}}{\text{個}}$$

となる.

3.1

時速 50 km は m/s になおすと,

$$\frac{50 \times 1000}{3600} \frac{\mathrm{m}}{\mathrm{s}} = 14 \frac{\mathrm{m}}{\mathrm{s}}$$

となるので, 運動量の大きさは

$$p = 1300 \,\mathrm{kg} \times 14 \frac{\mathrm{m}}{\mathrm{s}} = 1.8 \times 10^4 \,\mathrm{kg \cdot m/s}$$

となる.

3.2

衝突過程では撃力近似が成り立つので衝突の前後の運動量が保存される. つまり,

$$mv = (m+M)V$$

$$\therefore V = \frac{m}{m+M} v = \frac{1.0 \times 10^3}{3.0 \times 10^3} \times 15 = 5.0 \frac{\mathrm{m}}{\mathrm{s}}$$

となる.

3.3

外力は水平方向に働いているので鉛直方向には影響を与えない. この場合

$$N = mg = 5.0 \times 9.8 = 49 \,\mathrm{N}$$

となる.

3.4

ニュートンの運動方程式より,

$$ma = F - \mu N$$

$$\therefore a = \frac{F - \mu N}{m} = \frac{50 - 0.50 \times 49}{5.0} = 5.1 \frac{\mathrm{m}}{\mathrm{s}^2}$$

となる.

3.5

例題 3.1 と同様に式 (3.8) より,

$$3.6 \times \sqrt{2\mu_{\mathrm{k}} gS} \geq 100$$

を満たす S を求めればよい. よって,

$$S \geq \left(\frac{100}{3.6}\right)^2 \times \frac{1}{2\mu_{\mathrm{k}} g} \approx 56$$

となる. つまり, 56 m 以上のタイヤ痕があるとき速度超過が疑われる. また, 時速 100 km から停止するまでに約 56 m かかることがわかる. よって, 十分な車間距離 (56 m 以上で (100 m 以上が推奨されている)) を確保しよう.

4.1

$$\tau = Fd = 3.0 \,\mathrm{N} \times 1.2 \,\mathrm{m} = 3.6 \,\mathrm{N \cdot m}$$

4.2

左回りのトルクを正, 右回りのトルクを負とすると,

$$\tau_1 = F_1 d_1 = 2.0 \,\mathrm{N} \times 3.0 \,\mathrm{m} = 6.0 \,\mathrm{N \cdot m}$$

$$\tau_2 = -F_2 d_2 = -6.0 \,\mathrm{N} \times 1.5 \,\mathrm{m} = -9.0 \,\mathrm{N \cdot m}$$

$$\therefore \tau = \tau_1 + \tau_2 = -3.0 \,\mathrm{N \cdot m}$$

となる. よって, 右回りに回転する.

4.3

左回りのトルクを正, 右回りのトルクを負とすると,

$$\tau = \tau_1 + \tau_2 = F_1 R_1 + (-F_2 R_2) = F_1 R_1 - F_2 R_2$$

となる.

4.4

問題 4.3 より,

$$\tau = F_1 R_1 + (-F_2 R_2) = 2.0 \times 3.0 - 6.0 \times 2.0$$

$$= 6.0 - 12.0 = -6.0 \,\mathrm{N \cdot m}$$

となる. よって, 右回りに回転する.

4.5

回転中心 O から重心（質量中心）までの距離 r は

$$r = \sqrt{(0.15)^2 + (0.90)^2} = 0.91\,\text{m}$$

であり，r と水平の角度 ϕ は

$$\phi = \tan^{-1}\left(\frac{0.90}{0.15}\right) = 80°$$

となる．ここで，回転中心 O の左回りを正の回転方向，右回りを負の回転方向とする．

重力 $\vec{W}$ により本棚を左回りさせようとするトルク $\vec{\tau_W}$ の大きさ τ_W はつぎとなる．

$$\begin{aligned}
\tau_W &= rW\sin(90° - \phi) \\
&= 0.91 \times 200 \times 9.80 \times \sin 10° \\
&= 3.1 \times 10^2\,\text{N·m}
\end{aligned}$$

垂直抗力 $\vec{N}$ が本棚を右回りさせようとするトルク $\vec{\tau_N}$ の大きさ τ_N はつぎとなる．

$$\begin{aligned}
\tau_N &= -r'N\sin 90° \\
&= -0.15 \times 200 \times 9.80 \times 1.00 \\
&= -2.9 \times 10^2\,\text{N·m}
\end{aligned}$$

外力 $\vec{F}$ が本棚を右回りさせようとするトルク $\vec{\tau_F}$ の大きさ τ_F はつぎとなる．

$$\begin{aligned}
\tau_F &= -rF\sin\phi = -F \times 0.91 \times \sin 80° \\
&= -0.90F
\end{aligned}$$

よって，回転中心 O まわりの正味のトルク τ はつぎとなる．

$$\begin{aligned}
\tau &= \tau_W + \tau_N + \tau_F \\
&= 3.1 \times 10^2 - 2.9 \times 10^2 - 0.90F \\
&= 2 \times 10^1 - 0.90F
\end{aligned}$$

本棚が傾かないための条件は，正味の外部トルクが働かないことであるから $\tau = 0$ である．よって，上記より，$F = 2 \times 10^1\,\text{N}$ が得られる．これが，本棚が傾かない外力の最大値（上限）である．

図(b)の破線のように重心点が回転中心 O から延びた鉛直線上にあるとき重力と垂直抗力によるトルクが生じない．このとき $\phi = 90°$ となり外力によるトルクが最大となる．

5.1

(1) 断面 A_1 の部分において ΔT の間に流体は $\Delta x = v_1 \Delta T$ だけ移動する．この間に移動した体積 V_1 は $V_1 = A_1 v_1 \Delta T$ となる．同様に，断面 A_2 を ΔT の間に通過する体積 V_2 は $V_2 = A_2 v_2 \Delta T$ となる．流体は消滅したり生成したりしないので，それぞれの体積に含まれる質量は保存される．それぞれ領域での体積質量密度を ρ_1, ρ_2 とすると，次の関係式

$$\begin{aligned}
m_1 &= m_2 \\
\rho_1 V_1 &= \rho_2 V_2 \\
\rho_1 A_1 v_1 \Delta T &= \rho_2 A_2 v_2 \Delta T
\end{aligned}$$

が得られる．流体が非圧縮性流体であれば，体積質量密度は流体全体で一定であり，

$$\rho_1 = \rho_2 \equiv \rho$$

とおけるので

$$\begin{aligned}
\rho A_1 v_1 \Delta T &= \rho A_2 v_2 \Delta T \\
A_1 v_1 &= A_2 v_2
\end{aligned}$$

が得られる．この式を**連続の方程式**という．この両辺は単位時間あたりの体積の次元をもっている．Av を**体積フラックス**という．つまり，連続の方程式は**体積フラックス一定の法則**ともいえる．

(2) ホースの断面積は

$$A = \left(\frac{d}{2}\right)^2 \pi = \frac{\pi}{4}\,\text{cm}^2$$

である．流量は $8\,\text{L/分}$ である．これが体積フラックス Av に等しいとおくと，

$$Av = 8\,\text{L/分} = \frac{16 \times 10^3\,\text{cm}^3}{120\,\text{s}}$$

$$v = \frac{16 \times 10^3\,\text{cm}^3}{\frac{\pi}{4}\,\text{cm}^2 \times 120\,\text{s}} = 1.7\,\frac{\text{m}}{\text{s}}$$

となる．

5.2

(1) 必要な圧力差は自重を主翼面積で割れば得られる. よって,

$$\Delta p = \frac{mg}{S} = \frac{2.5 \times 10^5 \times 9.8\,\mathrm{N}}{4.3 \times 10^2\,\mathrm{m}^2}$$

$$= 5.7 \times 10^3 \frac{\mathrm{N}}{\mathrm{m}^2} (= \mathrm{Pa})$$

となる. ここで, Pa (パスカル) は圧力の単位である.

(2) ベルヌーイの定理より得られる関係式

$$v = \sqrt{\frac{2}{\rho}(p_0 - p)}$$

より

$$v = \sqrt{\frac{2\Delta p}{\rho}} = \sqrt{\frac{2 \times 5.7 \times 10^3\,\mathrm{N/m}^2}{1.2\,\mathrm{kg/m}^3}}$$

$$= 97\,\mathrm{m/s} = 3.5 \times 10^2 \frac{\mathrm{km}}{\mathrm{h}}$$

となる.

6.1

この回路は分岐のないループになっているので, 電流が回路全体で共通となる (キルヒホッフの第1法則). 電池の起電力を E, 負荷抵抗を R, 電流を I とすると, 抵抗体のオームの法則 $E = RI$ から,

$$I = \frac{E}{R} = \frac{15.0\,\mathrm{V}}{5.00\,\Omega} = 3.00\,\mathrm{A}$$

が得られる.

6.2

負荷抵抗が消費する電力 P_R は

$$P_R = I^2 R = (3.00\,\mathrm{A})^2 \times 5.00\,\Omega = 45.0\,\mathrm{W}$$

となる.

6.3

1年間に消費されるエネルギーは

$$E = P \times t = 40.0\,\mathrm{W} \times 365 \times 24 \times 60 \times 60\,\mathrm{s}$$

$$= 1.26 \times 10^9\,\mathrm{J}$$

である.

また, 1.00 kWh は 1.00 kW の電力を1時間つけっぱなしにしたときのエネルギーであるから,

$$1.00\,\mathrm{kWh} = 1.00 \times 10^3 \times 60 \times 60 = 3.60 \times 10^6\,\mathrm{J}$$

である. すると, 電気料金の1Jあたりの単価は

$$\frac{20}{3.60 \times 10^6} \frac{円}{\mathrm{J}} = 5.56 \times 10^{-6} \frac{円}{\mathrm{J}}$$

となる.

以上より,

$$5.56 \times 10^{-6} \frac{円}{\mathrm{J}} \times 1.26 \times 10^9\,\mathrm{J} = 7.01 \times 10^3\,円$$

となり, 約七千円かかる.

6.4

コイルの断面積 A は $0.0100\,\mathrm{m}^2$ である. $t = 0\,\mathrm{s}$ のとき $B = 0\,\mathrm{Wb/m}^2$ であるから, コイルを貫く磁束 Φ_m も $0\,\mathrm{Wb}$ である. また, $t = 0.600\,\mathrm{s}$ のとき $B = 0.500\,\mathrm{Wb/m}^2$ であるから, このときの磁束は $\Phi_m = BA = 5.00 \times 10^{-3}\,\mathrm{Wb}$ となる. よって, 誘導起電力の大きさは

$$E = N \frac{\Delta \Phi_m}{\Delta t} = 200 \times \frac{(5.00 \times 10^{-3} - 0)}{0.600} = 1.67\,\mathrm{V}$$

となる.

6.5

問題中の関係式より

$$\frac{V_1}{V_2} = \frac{n_1}{n_2}$$

$$\frac{100}{3} = \frac{100}{n_2}$$

$$\therefore n_2 = 3$$

となる. つまり, 3回巻けばよい.

章末問題解答　145

7.1

(1) $c = f\lambda$ より，

$$f = \frac{c}{\lambda} = \frac{3.00 \times 10^8}{780 \times 10^{-9}} = 3.85 \times 10^{14} \text{ Hz}$$

となる．よって，385 THz*.

(2) $c = f\lambda$ より，

$$f = \frac{c}{\lambda} = \frac{3.00 \times 10^8}{380 \times 10^{-9}} = 7.89 \times 10^{14} \text{ Hz}$$

となる．よって，789 THz.

7.2

干渉条件より，

$$\sin\theta = \frac{\lambda}{2d}$$

$$\theta = \sin^{-1}\left(\frac{\lambda}{2d}\right)$$

となる．波長が 0.49 μm のとき，

$$\theta = \sin^{-1}\left(\frac{4.9 \times 10^{-7}}{2 \times 3.0 \times 10^{-7}}\right) = 54.8°$$

となり，波長が 0.55 μm のとき

$$\theta = \sin^{-1}\left(\frac{5.5 \times 10^{-7}}{2 \times 3.0 \times 10^{-7}}\right) = 66.4°$$

となる．以上より，入射角の範囲は

$$54.8° \leq \theta \leq 66.4°$$

となる．

8.1

$1.00 \text{ eV} = 1.60 \times 10^{-19}$ J であるから，eV で表したエネルギーは

$$E = h\nu = \frac{hc}{\lambda}$$

$$= \frac{6.63 \times 10^{-34} \text{ J·s} \times 3.00 \times 10^8 \dfrac{\text{m}}{\text{s}}}{\lambda[\text{m}] \times 1.60 \times 10^{-19} \dfrac{\text{J}}{\text{eV}}}$$

$$= \frac{1.24 \times 10^{-6}}{\lambda}[\text{eV}]$$

となる．

8.2

波長 5000 Å $= 5.000 \times 10^{-7}$ m の光子のエネルギーを，eV で表すと

$$h\nu = \frac{1.24 \times 10^{-6}}{\lambda} = \frac{1.24 \times 10^{-6}}{5.000 \times 10^{-7}} = 2.48 \text{ eV}$$

となる．このとき最大エネルギー E は

$$E = \frac{1}{2}m_e v^2 = h\nu - W = 2.48 - 2.00 = 0.48 \text{ eV}$$

$$= 7.7 \times 10^{-20} \text{ J}$$

となる．すると，最大速度 v は

$$v = \sqrt{\frac{2E}{m_e}} = \sqrt{\frac{2 \times 7.7 \times 10^{-20}}{9.11 \times 10^{-31}}}$$

$$= 4.1 \times 10^5 \text{ m/s}$$

となる．

8.3

仕事関数は

$$W = h\nu - \frac{1}{2}m_e v^2 = \frac{1.24 \times 10^{-6}}{3.000 \times 10^{-7}} - 2.00$$

$$= 4.14 - 2.00 = 2.13 \text{ eV}$$

となる．

---

*THz：テラヘルツ，テラ$=10^{12}$.

8.4

バンドギャップに相当するエネルギーの光子が放出される．バンドギャップ $1.50\,\text{eV}$ は

$$1.50\,\text{eV} = 1.50\,\text{eV} \times 1.60 \times 10^{-19}\,\text{J/eV}$$
$$= 2.40 \times 10^{-19}\,\text{J}$$

であるので，$\Delta E = h\nu = \dfrac{hc}{\lambda}$ より，

$$\lambda = \frac{hc}{\Delta E} = \frac{6.63 \times 10^{-34} \times 3.00 \times 10^8}{2.40 \times 10^{-19}}$$
$$= 8.29 \times 10^{-7}\,\text{m}\,(= 829\,\text{nm})$$

が得られる．

8.5

経年年数を n とすると
$$(1 - 0.008)^n = 0.70$$
と書くことができる．この式を n について解けばよい．両辺の常用対数をとると
$$n(\log_{10} 0.992) = \log_{10} 0.70$$
$$\therefore n = \frac{\log_{10} 0.70}{\log_{10} 0.992} = 44.40 \approx 44\,\text{年後}$$

が得られ，40 年間は初期性能の 70 % が維持されると期待できる．

9.1

水素の燃焼の化学反応式は
$$2H_2 + O_2 \longrightarrow 2H_2O$$
である．着目する水素の係数を 1 にすると，

$$H_2 + \frac{1}{2} O_2 \longrightarrow H_2O$$

となる．着目する物質 1 mol あたりの反応熱を書き加えて，$\longrightarrow$ を＝に変えると，

$$H_2 + \frac{1}{2} O_2 = H_2O + 286\,\text{kJ}$$

が得られる．最後に，物質の状態を書き加えると，熱化学方程式ができ上がる．

$$H_2(気) + \frac{1}{2} O_2(気) = H_2O(液) + 286\,\text{kJ}$$

9.2

流れた電荷量は，$Q[\text{C}] = I[\text{A}] \times t[\text{s}]$ より
$$Q[\text{C}] = 1.0\,\text{A} \times (10 \times 60)\,\text{s} = 6.0 \times 10^2\,\text{C}$$
である．また，電子 1 mol がもつ電荷量はファラデー定数 $9.65 \times 10^4\,\text{C/mol}$ より，

$$\frac{6.0 \times 10^2\,\text{C}}{9.65 \times 10^4\,\dfrac{\text{C}}{\text{mol}}} = 6.2 \times 10^{-3}\,\text{mol}$$

となる．

9.3

陽極および陰極における反応式は電子数をそろえると，

$$陽極：2H_2O \longrightarrow O_2 + 4H^+ + 4e^-$$
$$陰極：2Cu^{2+} + 4e^- \longrightarrow 2Cu$$

となる．陽極で酸素 O_2 が 1 mol，陰極で銅 Cu が 2 mol 発生する．酸素分子 O_2 のモル質量は $32\,\text{g/mol}$，銅原子のモル質量は $63.5\,\text{g/mol}$ であるので，電子 1 mol あたりでは，

$$陽極：\frac{1}{4} \times 32\,\frac{\text{g}}{\text{mol}} \times 6.2 \times 10^{-3}\,\text{mol}$$
$$= 5.0 \times 10^{-2}\,\text{g}$$

$$陰極：\frac{1}{4} \times 2 \times 63.5\,\frac{\text{g}}{\text{mol}} \times 6.2 \times 10^{-3}\,\text{mol}$$
$$= 2.0 \times 10^{-1}\,\text{g}$$

となる．

10.1

準備 (1)

$$507.181 \, \frac{\mathrm{g}}{\mathrm{mol}} = x \left[\frac{\mathrm{kg}}{\text{個}} \right]$$

$$\frac{507.181}{6.02 \times 10^{23}} \, \frac{\mathrm{g}}{\text{個}} = x \times 10^3 \left[\frac{\mathrm{g}}{\text{個}} \right]$$

$$\therefore x = 8.42 \times 10^{-25} \left[\frac{\mathrm{kg}}{\text{個}} \right]$$

準備 (2)

$$\frac{40 \, \mathrm{kg}}{8.42 \times 10^{-25} \, \frac{\mathrm{kg}}{\text{個}}} = 4.8 \times 10^{25} \, \text{個}$$

準備 (3)

$$\frac{4.8 \times 10^{25}}{6.0 \times 10^{13}} = 8.0 \times 10^{11} \, \text{個}$$

準備 (4)

$$30 \, \frac{\mathrm{kJ}}{\mathrm{mol}} = x \left[\frac{\mathrm{J}}{\text{個}} \right]$$

$$\frac{3.0 \times 10^4}{6.02 \times 10^{23}} \, \frac{\mathrm{J}}{\text{個}} = x \left[\frac{\mathrm{J}}{\text{個}} \right]$$

$$\therefore x = 5.0 \times 10^{-20} \left[\frac{\mathrm{J}}{\text{個}} \right]$$

準備 (5)

$$5.0 \times 10^{-20} \, \frac{\mathrm{J}}{\text{回}} \times 10^4 \, \frac{\text{回}}{\text{日}} = 5.0 \times 10^{-16} \, \frac{\mathrm{J}}{\text{日}}$$

準備 (6)

ATP 40 kg に含まれる ATP 分子は 4.8×10^{25} 個であり，1 分子あたり 1 日に 5.0×10^{-16} J/日のエネルギーを産出するから，全体では

$$5.0 \times 10^{-16} \, \frac{\mathrm{J}}{\text{日}} \times 4.8 \times 10^{25} \, \text{個} = 2.4 \times 10^{10} \, \frac{\mathrm{J}}{\text{日}}$$

となる．

(1) $\dfrac{2.4 \times 10^{10} \, \frac{\mathrm{J}}{\text{日}}}{4.186 \, \frac{\mathrm{J}}{\mathrm{cal}}} = 5.7 \times 10^9 \, \frac{\mathrm{cal}}{\text{日}}$ となり，1 秒あ

たりに換算すると，

$$\frac{5.7 \times 10^9 \, \frac{\mathrm{cal}}{\text{日}}}{24 \times 60 \times 60 \, \frac{\mathrm{s}}{\text{日}}} = 6.6 \times 10^4 \, \frac{\mathrm{cal}}{\mathrm{s}}$$

となる．

(2) $\dfrac{6.6 \times 10^4 \, \frac{\mathrm{cal}}{\mathrm{s}}}{1.00 \, \mathrm{cal/(g \cdot K)} \times 6.0 \times 10^4 \, \mathrm{g}} = 1.1 \, \frac{\mathrm{K}}{\mathrm{s}}$

　以上の推定より，1 日あたり 40 kg の ATP の加水分解は，体重 60 kg の人間の体温を 1 秒間あたり 1 ℃ 温度上昇させることができるエネルギーに相当することがわかった．もちろん，この値は大きなものに思えるかもしれないが，エネルギーは体温の恒常維持だけに使われているわけではないので，なかなか妥当ではないだろうか．

11.1

板 1 を通って流れる熱の流量は

$$H_1 = \frac{k_1 A (T - T_1)}{L_1}$$

で与えられる．同様に，板 2 を流れる熱の流量は

$$H_2 = \frac{k_2 A (T_2 - T)}{L_2}$$

となる．外部に熱が逃げない定常状態の場合，これらの熱の流量は等しくなり，

$$\frac{k_1 A (T - T_1)}{L_1} = \frac{k_2 A (T_2 - T)}{L_2}$$

となる．これを T について解くと

$$T = \frac{k_1 L_2 T_1 + k_2 L_1 T_2}{k_1 L_2 + k_2 L_1}$$

が得られる．これを熱の流量の式に戻すと，

$$H = \frac{A (T_2 - T_1)}{\dfrac{L_1}{k_1} + \dfrac{L_2}{k_2}}$$

が得られる．

12.1

高温熱源のエントロピー変化は $\Delta S_\mathrm{h} = \dfrac{Q}{T_\mathrm{h}}$ であり, 一方の低温熱源のエントロピー変化は熱を失うので, $\Delta S_\mathrm{c} = \dfrac{-Q}{T_\mathrm{c}}$ となる. $T_\mathrm{h} > T_\mathrm{c}$ に注意すると, 系全体の正味のエントロピー変化は,

$$\Delta S = \Delta S_\mathrm{h} + \Delta S_\mathrm{c} = \frac{Q}{T_\mathrm{h}} - \frac{Q}{T_\mathrm{c}} = Q\left(\frac{T_\mathrm{c} - T_\mathrm{h}}{T_\mathrm{h} T_\mathrm{c}}\right) < 0$$

となり, 負となってしまう. これは, エントロピー増大則と矛盾する. よって, 外部から仕事を得ずに低温熱源から高温熱源へ熱が自然に移動することはない. 言い換えると, 「エントロピー増大則により, 熱は高温部から低温部へ伝わる. その逆過程は自発的には進行しない」ということができる*.

12.2

まず準備のために, 「理想気体における準静的可逆過程のエントロピー変化」について考える. 熱力学第1法則と理想気体の状態方程式から

$$\mathrm{d}Q = \mathrm{d}U + P\mathrm{d}V = nC_\mathrm{V}\mathrm{d}T + nRT\frac{\mathrm{d}V}{V}$$

が得られる. ここで, U は内部エネルギー, n は分子量 (モル数), C_V は定積モル比熱, R ($= 8.314\,\mathrm{J/(mol \cdot K)}$) は気体定数である. この両辺を絶対温度 T でわると,

$$\frac{\mathrm{d}Q}{T} = nC_\mathrm{V}\frac{\mathrm{d}T}{T} + nR\frac{\mathrm{d}V}{V}$$

が得られる. 定積モル比熱が定数だと仮定すると, 初期熱平衡状態 (T_i, V_i) から最終熱平衡状態 (T_f, V_f) までのエントロピー変化 ΔS は

$$\Delta S = \int_i^f \frac{\mathrm{d}Q}{T} = nC_\mathrm{V}\ln\frac{T_f}{T_i} + nR\ln\frac{V_f}{V_i}$$

で与えられる.

この問題の条件では, 系は断熱壁で囲まれおり熱の出入りも体積変化もないので, 内部エネルギーの変化はない. すなわち, $\mathrm{d}U = 0$ である. このとき, 上式の最右辺第1項はゼロとなるので,

$$\Delta S = nR\ln\frac{V_f}{V_i}$$

が用いるべき式である. よって,

$$\begin{aligned}\Delta S &= nR\ln\frac{V_f}{V_i}\\&= (6.00\,\mathrm{mol})\left(8.314\,\frac{\mathrm{J}}{\mathrm{mol \cdot K}}\right)\ln 2\\&= 34.6\,\frac{\mathrm{J}}{\mathrm{K}}\end{aligned}$$

が得られる.

---

*より厳密には, 局所的にエントロピーの変化が負でもかまわないが, 宇宙全体のように大域的にはエントロピーの変化は正となる.

13.1

(1) 振幅 2.00 m，振動数 1.00 Hz，周期 1.00 s

(2)
$$v = \frac{dx}{dt} = -4.00\pi \sin\left(2\pi t + \frac{\pi}{2}\right)$$
$$a = \frac{dv}{dt} = -8.00\pi^2 \cos\left(2\pi t + \frac{\pi}{2}\right)$$

13.2

(1) 波数 2.09×10^1 1/m，角振動数 3.77×10^1 rad/s，周期 1.67×10^{-1} s，位相速度 1.80 m/s

(2) 波動方程式の解の形を
$$y = A \sin(kx - \omega t + \phi)$$
と仮定する．ここで，A は振幅，k は波数，ω は角振動数，ϕ は初期位相とする．$t=0$，$x=0$ とおくと，$y = A \sin\phi$ となる．これを ϕ について解くと
$$\phi = \sin^{-1}\left(\frac{y}{A}\right)$$
となる．この式に問題文の値を代入すると，$\phi = \frac{\pi}{6}$ rad が得られる．よって，一般式は
$$y = A \sin\left(kx - \omega t + \frac{\pi}{6}\right)$$
となる．これに問題文の諸量を代入すると
$$y = (20.0 \, \text{cm}) \sin\left(20.9x - 37.7t + \frac{\pi}{6}\right)$$
が得られる．

13.3

(1) 3.4×10^2 m/s

(2) 1.4×10^3 m/s

(3) 3.9×10^3 m/s

(4) 5.3×10^3 m/s

14.1

元素記号の左肩に記されているのが質量数で，質量数＝陽子数＋中性子数である．また，元素記号の左下に記されているのが原子番号で，原子番号＝陽子数である．よって，

$^{17}_{8}\text{O}$：陽子数＝8，中性子数＝17−8＝9

$^{22}_{10}\text{Ne}$：陽子数＝10，中性子数＝22−10＝12

$^{56}_{26}\text{Fe}$：陽子数＝26，中性子数＝56−26＝30

となる．

14.2

α 崩壊はヘリウム原子核 ^4_2He を放出する核反応だから，
$$^{235}_{92}\text{U} \longrightarrow {}^{231}_{90}\text{Th} + {}^4_2\text{He}$$
が得られ，トリウム原子核になる．

14.3

β 崩壊は，中性子が陽子と電子に変化し質量数は変化せず，原子番号が 1 増える崩壊だから，
$$^{14}_{6}\text{C} \longrightarrow {}^{14}_{7}\text{N} + \text{e}^- + \bar{\nu}_e$$
が得られ，窒素原子核になる．

14.4

半減期 T 経つと娘粒子の個数 N が親粒子の個数 N_0 の2分の1になるので，経過時間を t とすると，

$$\frac{N}{N_0}=\left(\frac{1}{2}\right)^{\frac{t}{T}}$$

の関係が得られる．左辺は

$$\frac{N}{N_0}=\frac{25}{100}=\frac{1}{4}$$

であるから

$$\frac{1}{4}=\left(\frac{1}{2}\right)^{\frac{t}{T}}$$

$$\therefore \frac{t}{T}=2$$

である．よって

$$t=2T=2\times1.6\times10^3=3.2\times10^3\ \text{年}$$

となる．

15.1

$$E_{\mathrm{X}}=\frac{6.63\times10^{-34}\times3.00\times10^8}{1.0\times10^{-10}}=2.0\times10^{-15}\ \text{J}$$

$$E_{\mathrm{X}}=\frac{2.0\times10^{-15}}{1.60\times10^{-19}}=1.3\times10^4=13\ \text{keV}$$

$$E_{\gamma}=\frac{6.63\times10^{-34}\times3.00\times10^8}{1.0\times10^{-15}}=2.0\times10^{-10}\ \text{J}$$

$$E_{\gamma}=\frac{2.0\times10^{-10}}{1.60\times10^{-19}}=1.3\times10^9=1.3\ \text{GeV}$$

16.1

水素の基底エネルギーは $-13.4\ \text{eV}$ なので，

$$E=-13.4\times1.60\times10^{-19}=-2.14\times10^{-18}\ \text{J}$$

のエネルギーを外部から供給する必要がある．このエネルギーをすべて電磁波でまかなうとすると，

$$|E|=\frac{hc}{\lambda}$$

を満足する波長 λ をもつ電磁波が必要となる．よって，

$$\lambda=\frac{hc}{|E|}=\frac{6.63\times10^{-34}\times3.00\times10^8}{|-2.14\times10^{-18}|}$$

$$=9.29\times10^{-8}\ \text{m}$$

となる．これは紫外線帯域の電磁波に相当する．

§ 付録A 数学公式

● 2次方程式

(a) 2次方程式の解の公式

$ax^2+bx+c=0$ の解は $x=\dfrac{-b\pm\sqrt{b^2-4ac}}{2a}$

● 三角関数

(a) 三角関数の定義

正弦関数 sin（サイン） $\sin\theta=\dfrac{PQ}{OP}$

余弦関数 cos（コサイン） $\cos\theta=\dfrac{OQ}{OP}$

正接関数 tan（タンジェント） $\tan\theta=\dfrac{\sin\theta}{\cos\theta}=\dfrac{PQ}{OQ}$

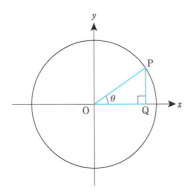

(b) 三角関数の基本公式

$\sin^2\theta+\cos^2\theta=1$, $\tan\theta=\dfrac{\sin\theta}{\cos\theta}$

$\operatorname{cosec}\theta=\dfrac{1}{\sin\theta}$, $\sec\theta=\dfrac{1}{\cos\theta}$, $\cot\theta=\dfrac{1}{\tan\theta}=\dfrac{\cos\theta}{\sin\theta}$

$1+\tan^2\theta=\sec^2\theta$, $1+\cot^2\theta=\operatorname{cosec}^2\theta$

(c) 三角関数の加法定理

$\sin(\alpha\pm\beta)=\sin\alpha\cos\beta\pm\cos\alpha\sin\beta$

$\cos(\alpha\pm\beta)=\cos\alpha\cos\beta\mp\sin\alpha\sin\beta$

$\tan(\alpha\pm\beta)=\dfrac{\tan\alpha\pm\tan\beta}{1\mp\tan\alpha\tan\beta}$

(b) 2倍角の公式

$\sin 2\theta=2\sin\theta\cos\theta$

$\cos 2\theta=1-2\sin^2\theta=2\cos^2\theta-1=\cos^2\theta-\sin^2\theta$

$\tan 2\theta=\dfrac{2\tan\theta}{1-\tan^2\theta}$

$\sin^2\theta=\dfrac{1-\cos 2\theta}{2}$, $\cos^2\theta=\dfrac{1+\cos 2\theta}{2}$

(e) 半角の公式

$\sin\dfrac{\theta}{2}=\sqrt{\dfrac{1-\cos\theta}{2}}$, $\cos\dfrac{\theta}{2}=\sqrt{\dfrac{1+\cos\theta}{2}}$

$\tan\dfrac{\theta}{2}=\sqrt{\dfrac{1-\cos\theta}{1+\cos\theta}}$

(f) 和・差 → 積

$\sin\alpha\pm\sin\beta=2\sin\dfrac{\alpha\pm\beta}{2}\cos\dfrac{\alpha\mp\beta}{2}$

$\cos\alpha+\cos\beta=2\cos\dfrac{\alpha+\beta}{2}\cos\dfrac{\alpha-\beta}{2}$

$\cos\alpha-\cos\beta=-2\sin\dfrac{\alpha+\beta}{2}\sin\dfrac{\alpha-\beta}{2}$

(g) 積 → 和・差

$\sin\alpha\cos\beta=\dfrac{1}{2}\{\sin(\alpha+\beta)+\sin(\alpha-\beta)\}$

$\sin\alpha\sin\beta=-\dfrac{1}{2}\{\cos(\alpha+\beta)-\cos(\alpha-\beta)\}$

$\cos\alpha\cos\beta=\dfrac{1}{2}\{\cos(\alpha+\beta)+\cos(\alpha-\beta)\}$

(h) 三角関数の合成

$a\sin\theta+b\cos\theta=\sqrt{a^2+b^2}\sin(\theta+\alpha)$

ここで，$\sin\alpha=\dfrac{b}{\sqrt{a^2+b^2}}$，$\cos\alpha=\dfrac{a}{\sqrt{a^2+b^2}}$ である．

(i) 逆三角関数

逆正弦関数 $\sin^{-1}$ ［アーク・サイン］

$y=\sin x$ $\left(-\dfrac{\pi}{2}\leq x\leq\dfrac{\pi}{2}\right)$ の逆関数 $x=\sin y$ を $y=\sin^{-1}x$

と表し，逆正弦関数（の主値）という．

逆余弦関数 $\cos^{-1}$ ［アーク・コサイン］

$y=\cos x$ $(0\leq x\leq\pi)$ の逆関数 $x=\cos y$ を $y=\cos^{-1}x$ と表し，逆余弦関数（の主値）という．

逆正接関数 $\tan^{-1}$ ［アーク・タンジェント］

$$y = \tan x \quad \left(-\frac{\pi}{2} < x < \frac{\pi}{2}\right) \text{の逆関数 } x = \tan y \text{ を } y = \tan^{-1} x$$

と表し，逆正接関数（の主値）という．

(j) オイラーの公式
$$e^{\pm ix} = \cos x \pm i \sin x$$

(k) ド・モアブルの定理
$$(\cos x + i \sin x)^n = e^{inx} = \cos nx + i \sin nx$$

(l) 三角関数の近似

三角関数をマクローリン展開すれば，以下のように展開できる．

$$\sin x = x - \frac{x^3}{3!} + \frac{x^5}{5!} + \cdots\cdots + (-1)^n \frac{x^{2n+1}}{(2n+1)!} + \cdots\cdots$$

$$\cos x = 1 - \frac{x^2}{2!} + \frac{x^4}{4!} + \cdots\cdots + (-1)^n \frac{x^{2n}}{(2n)!} + \cdots\cdots$$

x が充分に小さいとき（$x \ll 1$）は，2次以上の項が無視できるから，以下のように近似できる．

$$\sin x \approx x, \ \cos x \approx 1, \ \tan x \approx x$$

● 指数関数と対数関数

(a) 指数関数

$f(x) = a^x$ の形の関数を指数関数といい，a を指数関数の底（てい）という．自然科学においては，底が e の指数関数 $f(x) = e^x$ がよく現れる．この e をネイピア数という．

$$e = \lim_{x \to \pm\infty} \left(1 + \frac{1}{x}\right)^x = 1 + 1 + \frac{1}{2!} + \frac{1}{3!} + \cdots\cdots = 2.71828\cdots\cdots$$

また，指数関数 $e^{f(x)}$ を $\exp[f(x)]$ と書くことがある．

指数法則
$$a^m a^n = a^{m+n}, \quad \frac{a^m}{a^n} = a^{m-n}, \quad (a^m)^n = a^{mn}, \quad (ab)^m = a^m b^m$$

分数の指数
$$a^{m/n} = \sqrt[n]{a^m} = \left(\sqrt[n]{a}\right)^m \quad \text{とくに} \quad a^{1/n} = \sqrt[n]{a}$$

(b) 対数関数

指数関数 $f(x) = a^x$, $f(x) = 10^x$, $f(x) = e^x$ などの逆関数 $f^{-1}(x) = \log_a x$, $f^{-1}(x) = \log_{10} x$, $f^{-1}(x) = \log_e x$ を対数関数という．a, 10, e などを対数の底という．また，底が10である対数 $\log_{10} x$ を常用対数，底が e である対数 $\log_e x$ を自然対数という．常用対数の底を省略して単に $\log x$ と書くことがあるが，自然科学では自然対数の底を省略して $\log x$ と書く．常用対数と自然対数が混在するような場合は混乱を避けるため，自然対数を $\log_e x = \ln x$（エル・エヌもしくはナチュ

ラルログと読む）と書くこともある．

対数の性質
$$\log(ab) = \log a + \log b, \quad \log\left(\frac{a}{b}\right) = \log a - \log b,$$

$$\log(a^n) = n \log a$$

$$\log e = \ln e = 1, \quad \log e^a = \ln e^a = a,$$

$$\log\left(\frac{1}{a}\right) = \ln\left(\frac{1}{a}\right) = -\ln a$$

底の変換
$$\log_{10} x = \log_{10} e \times \log_e x = 0.43429 \log_e x = 0.43429 \ln x$$

$$\ln x = \log_e x = \frac{\log_{10} x}{\log_{10} e} = 2.30259 \log_{10} x$$

● 微分

(a) 積の微分
$$(f(x)g(x))' = f'(x)g(x) + f(x)g'(x)$$

(b) 商の微分
$$\left(\frac{f(x)}{g(x)}\right)' = \frac{f'(x)g(x) - f(x)g'(x)}{g^2(x)}$$

(c) 微分公式

$$(x^\alpha)' = \alpha x^{\alpha-1}, \quad [(f(x))^\alpha]' = \alpha f'(x)(f(x))^{\alpha-1}$$
$$(e^x)' = e^x, \quad (e^{f(x)})' = f'(x)e^{f(x)}$$

$$(a^x)' = a^x \log a, \quad (\log|x|)' = \frac{1}{x}$$

$$(\log|ax|)' = \frac{1}{x}, \quad (\log_a|x|)' = \frac{1}{x \log a}$$

$$(\sin x)' = \cos x, \quad (\sin f(x))' = f'(x) \cos f(x)$$
$$(\cos x)' = -\sin x, \quad (\cos f(x))' = -f'(x) \sin f(x)$$
$$(\tan x)' = \sec^2 x, \quad (\tan f(x))' = f'(x) \sec^2 f(x)$$
$$(\cot x)' = -\mathrm{cosec}^2 x, \quad (\cot f(x))' = -f'(x) \mathrm{cosec}^2 f(x)$$
$$(\sec x)' = \tan x \sec x, \quad (\mathrm{cosec}\, x)' = -\cot x \, \mathrm{cosec}\, x$$

$$(\sin^{-1} x)' = \frac{1}{\sqrt{1-x^2}}, \quad (\cos^{-1} x)' = -\frac{1}{\sqrt{1-x^2}}$$

$$(\tan^{-1} x)' = \frac{1}{1+x^2}, \quad (\cot^{-1} x)' = -\frac{1}{1+x^2}$$

● 積分

(a) 部分積分法

$$\int f'(x)g(x)\,dx = f(x)g(x) - \int f(x)g'(x)\,dx$$

(b) 積分公式

$$\int x^n \mathrm{d}x = \begin{cases} \dfrac{x^{n+1}}{n+1} + C & (n \neq -1) \\[2mm] \log|x| + C & (n = -1) \end{cases}$$

$$\int (ax+b)^n \mathrm{d}x = \begin{cases} \dfrac{1}{(ax+b)'}\dfrac{(ax+b)^{n+1}}{n+1} + C \\[2mm] = \dfrac{1}{a}\dfrac{(ax+b)^{n+1}}{n+1} + C \quad (n \neq -1) \\[3mm] \dfrac{1}{(ax+b)'}\log|ax+b| + C \\[2mm] = \dfrac{1}{a}\log|ax+b| + C \quad (n = -1) \end{cases}$$

$$\int \frac{f'(x)}{f(x)} \mathrm{d}x = \log|f(x)| + C$$

$$\int \mathrm{e}^x \mathrm{d}x = \mathrm{e}^x + C$$

$$\int \mathrm{e}^{ax+b} \mathrm{d}x = \frac{1}{a}\mathrm{e}^{ax+b} + C$$

$$\int x\mathrm{e}^{ax} \mathrm{d}x = \frac{\mathrm{e}^{ax}}{a^2}(ax-1) + C$$

$$\int a^x \mathrm{d}x = \frac{1}{\log a} a^x + C \quad (a>0,\ a \neq 1)$$

$$\int \frac{1}{x} \mathrm{d}x = \log|x| + C, \quad \int \frac{1}{ax+b} \mathrm{d}x = \frac{1}{a}\log|ax+b| + C$$

$$\int \log x \, \mathrm{d}x = x\log x - x + C$$

$$\int \log ax \, \mathrm{d}x = x\log ax - x + C$$

$$\int \sin x \, \mathrm{d}x = -\cos x + C, \quad \int \sin ax \, \mathrm{d}x = -\frac{1}{a}\cos ax + C$$

$$\int \cos x \, \mathrm{d}x = \sin x + C, \quad \int \cos ax \, \mathrm{d}x = \frac{1}{a}\sin ax + C$$

$$\int \tan x \, \mathrm{d}x = -\log|\cos x| + C$$

$$\int \tan ax \, \mathrm{d}x = -\frac{1}{a}\log|\cos ax| + C = \frac{1}{a}\log|\sec ax| + C$$

$$\int \cot x \, \mathrm{d}x = \log|\sin x| + C$$

$$\int \cot ax \, \mathrm{d}x = \frac{1}{a}\log|\sin ax| + C$$

$$\int \sec x \, \mathrm{d}x = \log|\sec x + \tan x| + C$$

$$= \log\left|\tan\left(\frac{x}{2} + \frac{\pi}{4}\right)\right| + C$$

$$\int \sec ax \, \mathrm{d}x = \frac{1}{a}\log|\sec ax + \tan ax| + C$$

$$= \frac{1}{a}\log\left|\tan\left(\frac{ax}{2} + \frac{\pi}{4}\right)\right| + C$$

$$\int \mathrm{cosec}\, x \, \mathrm{d}x = \log|\mathrm{cosec}\, x - \cot x| + C$$

$$= \log\left|\tan\frac{x}{2}\right| + C$$

$$\int \mathrm{cosec}\, ax \, \mathrm{d}x = \frac{1}{a}\log|\mathrm{cosec}\, ax - \cot ax| + C$$

$$= \frac{1}{a}\log\left|\tan\frac{ax}{2}\right| + C$$

$$\int \sec^2 x \, \mathrm{d}x = \tan x + C, \quad \int \sec^2 ax \, \mathrm{d}x = \frac{1}{a}\tan ax + C$$

$$\int \mathrm{cosec}^2 x \, \mathrm{d}x = -\cot x + C$$

$$\int \mathrm{cosec}^2 ax \, \mathrm{d}x = -\frac{1}{a}\cot ax + C$$

$$\int \sin^2 x \, \mathrm{d}x = \frac{x}{2} - \frac{\sin 2x}{4} + C$$

$$\int \sin^2 ax \, \mathrm{d}x = \frac{x}{2} - \frac{\sin 2ax}{4a} + C$$

$$\int \cos^2 x \, \mathrm{d}x = \frac{x}{2} + \frac{\sin 2x}{4} + C$$

$$\int \cos^2 ax \, \mathrm{d}x = \frac{x}{2} + \frac{\sin 2ax}{4a} + C$$

$$\int \tan^2 x \, \mathrm{d}x = \tan x - x + C$$

$$\int \tan^2 ax \, \mathrm{d}x = \frac{1}{a}\tan ax - x + C$$

$$\int \cot^2 x \, \mathrm{d}x = -\cot x - x + C$$

$$\int \cot^2 ax \, \mathrm{d}x = -\frac{1}{a}\cot ax - x + C$$

$$\int \sin^{-1} ax \, \mathrm{d}x = x\sin^{-1} ax + \frac{\sqrt{1-a^2x^2}}{a} + C$$

$$\int \cos^{-1} ax \, \mathrm{d}x = x\cos^{-1} ax - \frac{\sqrt{1-a^2x^2}}{a} + C$$

$$\int \mathrm{e}^{ax}\sin bx \, \mathrm{d}x = \frac{\mathrm{e}^{ax}}{a^2+b^2}(a\sin bx - b\cos bx) + C$$

$$\int \mathrm{e}^{ax}\cos bx \, \mathrm{d}x = \frac{\mathrm{e}^{ax}}{a^2+b^2}(a\sin bx + b\cos bx) + C$$

$$\int \frac{1}{x^2+a^2} \mathrm{d}x = \frac{1}{a}\tan^{-1}\frac{x}{a} + C$$

$$\int \frac{1}{x^2-a^2} \mathrm{d}x = \frac{1}{2a}\log\left|\frac{x-a}{x+a}\right| + C \quad (a \neq 0)$$

154　付録 A　数学公式

$$\int \frac{1}{\sqrt{1-x^2}}\, dx = \sin^{-1} x + C = -\cos^{-1} x + C$$

$$\int \frac{1}{\sqrt{a^2-x^2}}\, dx = \sin^{-1} \frac{x}{a} + C = -\cos^{-1} \frac{x}{a} + C \quad (a>0)$$

$$\int \frac{1}{\sqrt{x^2 \pm a}}\, dx = \log|x + \sqrt{x^2 \pm a}| + C$$

$$\int \sqrt{x^2 \pm a}\, dx = \frac{1}{2} x \sqrt{x^2 \pm a} \pm \frac{a}{2} \log|x + \sqrt{x^2 \pm a}| + C$$

$$\int \sqrt{a^2-x^2}\, dx = \frac{1}{2} x \sqrt{a^2-x^2} + \frac{a^2}{2} \sin^{-1} \frac{x}{a} + C \quad (a>0)$$

$$\int \frac{x}{x^2 \pm a^2}\, dx = \pm \frac{1}{2} \log|x^2 \pm a^2| + C$$

$$\int \frac{x}{\sqrt{a^2-x^2}}\, dx = -\sqrt{a^2-x^2} + C$$

$$\int \frac{x}{\sqrt{x^2 \pm a}}\, dx = \sqrt{x^2 \pm a} + C$$

$$\int x \sqrt{a^2-x^2}\, dx = -\frac{1}{3}(a^2-x^2)^{\frac{3}{2}} + C$$

$$\int x \sqrt{x^2 \pm a}\, dx = \frac{1}{3}(x^2 \pm a)^{\frac{3}{2}} + C$$

§ 付録B　主な物理定数

重力加速度	$g = 9.80665 \text{ m/s}^2$（国際標準）
万有引力定数	$G = 6.67408(31) \times 10^{-11} \text{ N·m}^2/\text{kg}^2$
地球の質量	$M_e = 5.974 \times 10^{24} \text{ kg}$
太陽の質量	$M_s = 1.989 \times 10^{30} \text{ kg}$
真空中の光の速度	$c = 2.99792458 \times 10^8 \text{ m/s}$
アボガドロ定数	$N_A = 6.022140857(74) \times 10^{23}$ 個/mol
（理想気体 1 mol の）気体定数	$R = 8.3144598(48) \text{ J/(mol·K)}$
熱の仕事当量	$1 \text{ cal} = 4.18605 \text{ J}$
ボルツマン定数	$k_B = 1.38064852(79) \times 10^{-23} \text{ J/K}$
標準大気圧（1 気圧）	$P_0 = 1.01325 \times 10^5 \text{ Pa}$
真空の誘電率	$\varepsilon_0 = \dfrac{1}{\mu_0 c^2} = 8.854187817 \times 10^{-12} \text{ F/m}$
真空の透磁率	$\mu_0 = 4\pi \times 10^{-7} = 1.2566370614 \times 10^{-6} \text{ H/m}$
電子の比電荷	$\dfrac{e}{m_e} = 1.758820088 \times 10^{11} \text{ C/kg}$
電気素量	$e = 1.6021766208(98) \times 10^{-19} \text{ C}$
ファラデー定数	$F = 9.649 \times 10^4 \text{ C/mol}$
電子ボルト	$1 \text{ eV} = 1.602176565 \times 10^{-19} \text{ J}$
電子の質量	$m_e = 9.10938291 \times 10^{-31} \text{ kg}$
リュードベリ定数	$R = 1.0973731568539 \times 10^7 \text{ [1/m]}$
原子質量単位	$1 \text{ u} = 1.660538921 \times 10^{-27} \text{ kg}$
陽子の質量	$m_p = 1.672621777 \times 10^{-27} \text{ kg}$
中性子の質量	$m_n = 1.674927351 \times 10^{-27} \text{ kg}$
プランク定数	$h = 6.62606957 \times 10^{-34} \text{ J·s}$
ボーア半径	$a_0 = 5.2917721092 \times 10^{-11} \text{ m}$

§ 付録C　主な物理量と単位

❶ SI 基本単位

物理量	主な記号	単位の名称	記号	他の単位との関係
長さ	r, l	メートル オングストローム	m Å	$=10^{-10}$ m
質量	m, M	キログラム	kg	
時間	t	秒	s	
温度	T	ケルビン	K	
物質量	n	モル	mol	
電流	I	アンペア	A	
光度		カンデラ	cd	

❷ SI 組立単位

物理量	主な記号	単位の名称	記号	他の単位との関係
角度	θ	ラジアン	rad	$=(180/\pi)^\circ$
面積	S, A	平方メートル	m^2	
体積	V	立方メートル	m^3	
密度	ρ	キログラム毎立方メートル	kg/m^3	
速度，速さ	v, V	メートル毎秒	m/s	
加速度	a	メートル毎秒毎秒	m/s^2	
角速度	ω	ラジアン毎秒	rad/s	
振動数，周波数	f, ν	ヘルツ	Hz	$=1/s$
力	F, f	ニュートン	N	$=kg \cdot m/s^2$
運動量	p	キログラムメートル毎秒	$kg \cdot m/s$	
圧力	p	パスカル 気圧	Pa atm	$=N/m^2$ $=kg/(m \cdot s^2)$ $=101325\,Pa$
仕事，エネルギー	E	ジュール 電子ボルト	J eV	$=N \cdot m=kg \cdot m^2/s^2$ $=1.602176 \times 10^{-19}\,J$
仕事率，電力	P	ワット	W	$=J/s=kg \cdot m^2/s^3$
比熱	c	ジュール毎キログラム毎ケルビン	$J/(kg \cdot K)$	
モル比熱	C	ジュール毎モル毎ケルビン	$J/(mol \cdot K)$	
熱容量	C	ジュール毎ケルビン	J/K	$=kg \cdot m^2/(s^2 \cdot K)$
電気量	q	クーロン	C	$=s \cdot A$
電位，電圧	V	ボルト	V	$=W/A=J/C$
電場の強さ	E	ボルト毎メートル	V/m	$=N/C$
電気容量	C	ファラド	F	$=C/V$
電気抵抗	R	オーム	Ω	$=V/A$
磁束	$\varPhi$	ウェーバー	Wb	$=V \cdot s$
磁束密度	B	テスラ	T	$=Wb/m^2$
磁場の強さ	H	アンペア毎メートル	A/m	
インダクタンス	L	ヘンリー	H	$=Wb/A$
リアクタンス		オーム	Ω	$=V/A$
放射能の強さ		ベクレル	Bq	$=1/s$
吸収線量		グレイ	Gy	$=J/kg=m^2/s^2$
線量		シーベルト	Sv	$=J/kg=m^2/s^2$

❸ SI 接頭語

名称		記号	大きさ
クエタ	quetta	Q	10^{30}
ロナ	ronna	R	10^{27}
ヨタ	yotta	Y	10^{24}
ゼタ	zetta	Z	10^{21}
エクサ	exa	E	10^{18}
ペタ	peta	P	10^{15}
テラ	tera	T	10^{12}
ギガ	giga	G	10^{9}
メガ	mega	M	10^{6}
キロ	kilo	k	10^{3}
ヘクト	hecto	h	10^{2}
デカ	deca	de	10
デシ	deci	d	10^{-1}
センチ	centi	c	10^{-2}
ミリ	milli	m	10^{-3}
マイクロ	micro	μ	10^{-6}
ナノ	nano	n	10^{-9}
ピコ	pico	p	10^{-12}
フェムト	femto	f	10^{-15}
アト	atto	a	10^{-18}
ゼプト	zepto	z	10^{-21}
ヨクト	yocto	y	10^{-24}
ロント	ronto	r	10^{-27}
クエクト	quecto	q	10^{-30}

❹ ギリシア文字

大文字	小文字	読み方
A	α	アルファ
B	β	ベータ
Γ	γ	ガンマ
Δ	δ	デルタ
E	ε	イプシロン
Z	ζ	ツェータ
H	η	イータ
Θ	θ	シータ
I	ι	イオタ
K	κ	カッパ
Λ	λ	ラムダ
M	μ	ミュー
N	ν	ニュー
Ξ	ξ	クサイ
O	o	オミクロン
Π	π	パイ
P	ρ	ロー
Σ	σ	シグマ
T	τ	タウ
Υ	υ	ウプシロン
Φ	ϕ, φ	ファイ
X	χ	カイ
Ψ	ψ	プサイ
Ω	ω	オメガ

§ 付録D 元素の周期表

元素の周期表

凡例:
元素名	元素記号 [注1]
原子番号	
	原子量 [注2]

族 / 周期	1	2	3	4	5	6	7	8	9	10	11	12	13	14	15	16	17	18
1	水素 1H 1.008																	ヘリウム 2He 4.003
2	リチウム 3Li 6.941	ベリリウム 4Be 9.012											ホウ素 5B 10.81	炭素 6C 12.01	窒素 7N 14.01	酸素 8O 16.00	フッ素 9F 19.00	ネオン 10Ne 20.18
3	ナトリウム 11Na 22.99	マグネシウム 12Mg 24.31											アルミニウム 13Al 26.98	ケイ素 14Si 28.09	リン 15P 30.97	硫黄 16S 32.07	塩素 17Cl 35.45	アルゴン 18Ar 39.95
4	カリウム 19K 39.10	カルシウム 20Ca 40.08	スカンジウム 21Sc 44.96	チタン 22Ti 47.87	バナジウム 23V 50.94	クロム 24Cr 52.00	マンガン 25Mn 54.94	鉄 26Fe 55.85	コバルト 27Co 58.93	ニッケル 28Ni 58.69	銅 29Cu 63.55	亜鉛 30Zn 65.38	ガリウム 31Ga 69.72	ゲルマニウム 32Ge 72.63	ヒ素 33As 74.92	セレン 34Se 78.97	臭素 35Br 79.90	クリプトン 36Kr 83.80
5	ルビジウム 37Rb 85.47	ストロンチウム 38Sr 87.62	イットリウム 39Y 88.91	ジルコニウム 40Zr 91.22	ニオブ 41Nb 92.91	モリブデン 42Mo 95.95	テクネチウム 43Tc* (99)	ルテニウム 44Ru 101.1	ロジウム 45Rh 102.9	パラジウム 46Pd 106.4	銀 47Ag 107.9	カドミウム 48Cd 112.4	インジウム 49In 114.8	スズ 50Sn 118.7	アンチモン 51Sb 121.8	テルル 52Te 127.6	ヨウ素 53I 126.9	キセノン 54Xe 131.3
6	セシウム 55Cs 132.9	バリウム 56Ba 137.3	57~71 ランタノイド	ハフニウム 72Hf 178.5	タンタル 73Ta 180.9	タングステン 74W 183.8	レニウム 75Re 186.2	オスミウム 76Os 190.2	イリジウム 77Ir 192.2	白金 78Pt 195.1	金 79Au 197.0	水銀 80Hg 200.6	タリウム 81Tl 204.4	鉛 82Pb 207.2	ビスマス 83Bi* 209.0	ポロニウム 84Po* (210)	アスタチン 85At* (210)	ラドン 86Rn* (222)
7	フランシウム 87Fr* (223)	ラジウム 88Ra* (226)	89~103 アクチノイド	ラザホージウム 104Rf* (267)	ドブニウム 105Db* (268)	シーボーギウム 106Sg* (271)	ボーリウム 107Bh* (272)	ハッシウム 108Hs* (277)	マイトネリウム 109Mt* (276)	ダームスタチウム 110Ds* (281)	レントゲニウム 111Rg* (280)	コペルニシウム 112Cn* (285)	ニホニウム 113Nh* (278)	フレロビウム 114Fl* (289)	モスコビウム 115Mc* (289)	リバモリウム 116Lv* (293)	テネシン 117Ts* (293)	オガネソン 118Og* (294)

ランタノイド

ランタン 57La 138.9	セリウム 58Ce 140.1	プラセオジム 59Pr 140.9	ネオジム 60Nd 144.2	プロメチウム 61Pm* (145)	サマリウム 62Sm 150.4	ユウロピウム 63Eu 152.0	ガドリニウム 64Gd 157.3	テルビウム 65Tb 158.9	ジスプロシウム 66Dy 162.5	ホルミウム 67Ho 164.9	エルビウム 68Er 167.3	ツリウム 69Tm 168.9	イッテルビウム 70Yb 173.0	ルテチウム 71Lu 175.0

アクチノイド

アクチニウム 89Ac* (227)	トリウム 90Th* 232.0	プロトアクチニウム 91Pa* 231.0	ウラン 92U* 238.0	ネプツニウム 93Np* (237)	プルトニウム 94Pu* (239)	アメリシウム 95Am* (243)	キュリウム 96Cm* (247)	バークリウム 97Bk* (247)	カリホルニウム 98Cf* (252)	アインスタイニウム 99Es* (252)	フェルミウム 100Fm* (257)	メンデレビウム 101Md* (258)	ノーベリウム 102No* (259)	ローレンシウム 103Lr* (262)

注1：元素記号の右肩の*は，その元素には安定同位体が存在しないことを示す．そのような元素については放射性同位体の質量数の一例を（ ）内に示す．
注2：元素の原子量は，質量数12の炭素（^{12}C）を12とし，これに対する相対値を示す．
注3：原子番号104番以降の超アクチノイドの周期表の位置は暫定的である．
©2018 日本化学会 原子量専門委員会

§ 付録E 4桁の原子量表

4桁の原子量表（2018）

（元素の原子量は，質量数12の炭素（^{12}C）を12とし，これに対する相対値とする.）

　本表は，実用上の便宜を考えて，国際純正・応用化学連合（IUPAC）で承認された最新の原子量に基づき，日本化学会原子量専門委員会が独自に作成したものである．本来，同位体存在度の不確定さは，自然に，あるいは人為的に起こりうる変動や実験誤差のために，元素ごとに異なる．従って，個々の原子量の値は，正確度が保証された有効数字の桁数が大きく異なる．本表の原子量を引用する際には，このことに注意を喚起することが望ましい．

　なお，本表の原子量の信頼性は亜鉛の場合を除き有効数字の4桁目で±1以内である．また，安定同位体がなく，天然で特定の同位体組成を示さない元素については，その元素の放射性同位体の質量数の一例を（ ）内に示した．従って，その値を原子量として扱うことは出来ない．

原子番号	元素名	元素記号	原子量	原子番号	元素名	元素記号	原子量
1	水素	H	1.008	60	ネオジム	Nd	144.2
2	ヘリウム	He	4.003	61	プロメチウム	Pm	(145)
3	リチウム	Li	6.941†	62	サマリウム	Sm	150.4
4	ベリリウム	Be	9.012	63	ユウロピウム	Eu	152.0
5	ホウ素	B	10.81	64	ガドリニウム	Gd	157.3
6	炭素	C	12.01	65	テルビウム	Tb	158.9
7	窒素	N	14.01	66	ジスプロシウム	Dy	162.5
8	酸素	O	16.00	67	ホルミウム	Ho	164.9
9	フッ素	F	19.00	68	エルビウム	Er	167.3
10	ネオン	Ne	20.18	69	ツリウム	Tm	168.9
11	ナトリウム	Na	22.99	70	イッテルビウム	Yb	173.0
12	マグネシウム	Mg	24.31	71	ルテチウム	Lu	175.0
13	アルミニウム	Al	26.98	72	ハフニウム	Hf	178.5
14	ケイ素	Si	28.09	73	タンタル	Ta	180.9
15	リン	P	30.97	74	タングステン	W	183.8
16	硫黄	S	32.07	75	レニウム	Re	186.2
17	塩素	Cl	35.45	76	オスミウム	Os	190.2
18	アルゴン	Ar	39.95	77	イリジウム	Ir	192.2
19	カリウム	K	39.10	78	白金	Pt	195.1
20	カルシウム	Ca	40.08	79	金	Au	197.0
21	スカンジウム	Sc	44.96	80	水銀	Hg	200.6
22	チタン	Ti	47.87	81	タリウム	Tl	204.4
23	バナジウム	V	50.94	82	鉛	Pb	207.2
24	クロム	Cr	52.00	83	ビスマス	Bi	209.0
25	マンガン	Mn	54.94	84	ポロニウム	Po	(210)
26	鉄	Fe	55.85	85	アスタチン	At	(210)
27	コバルト	Co	58.93	86	ラドン	Rn	(222)
28	ニッケル	Ni	58.69	87	フランシウム	Fr	(223)
29	銅	Cu	63.55	88	ラジウム	Ra	(226)
30	亜鉛	Zn	65.38*	89	アクチニウム	Ac	(227)
31	ガリウム	Ga	69.72	90	トリウム	Th	232.0
32	ゲルマニウム	Ge	72.63	91	プロトアクチニウム	Pa	231.0
33	ヒ素	As	74.92	92	ウラン	U	238.0
34	セレン	Se	78.97	93	ネプツニウム	Np	(237)
35	臭素	Br	79.90	94	プルトニウム	Pu	(239)
36	クリプトン	Kr	83.80	95	アメリシウム	Am	(243)
37	ルビジウム	Rb	85.47	96	キュリウム	Cm	(247)
38	ストロンチウム	Sr	87.62	97	バークリウム	Bk	(247)
39	イットリウム	Y	88.91	98	カリホルニウム	Cf	(252)
40	ジルコニウム	Zr	91.22	99	アインスタイニウム	Es	(252)
41	ニオブ	Nb	92.91	100	フェルミウム	Fm	(257)
42	モリブデン	Mo	95.95	101	メンデレビウム	Md	(258)
43	テクネチウム	Tc	(99)	102	ノーベリウム	No	(259)
44	ルテニウム	Ru	101.1	103	ローレンシウム	Lr	(262)
45	ロジウム	Rh	102.9	104	ラザホージウム	Rf	(267)
46	パラジウム	Pd	106.4	105	ドブニウム	Db	(268)
47	銀	Ag	107.9	106	シーボーギウム	Sg	(271)
48	カドミウム	Cd	112.4	107	ボーリウム	Bh	(272)
49	インジウム	In	114.8	108	ハッシウム	Hs	(277)
50	スズ	Sn	118.7	109	マイトネリウム	Mt	(276)
51	アンチモン	Sb	121.8	110	ダームスタチウム	Ds	(281)
52	テルル	Te	127.6	111	レントゲニウム	Rg	(280)
53	ヨウ素	I	126.9	112	コペルニシウム	Cn	(285)
54	キセノン	Xe	131.3	113	ニホニウム	Nh	(278)
55	セシウム	Cs	132.9	114	フレロビウム	Fl	(289)
56	バリウム	Ba	137.3	115	モスコビウム	Mc	(289)
57	ランタン	La	138.9	116	リバモリウム	Lv	(293)
58	セリウム	Ce	140.1	117	テネシン	Ts	(293)
59	プラセオジム	Pr	140.9	118	オガネソン	Og	(294)

†：市販品中のリチウム化合物のリチウムの原子量は6.938から6.997の幅をもつ.
＊：亜鉛に関しては原子量の信頼性は有効数字4桁で±2である.

©2018　日本化学会　原子量専門委員会

§ 索引

あ行

IH 調理器	45
アイソトープ	119
圧縮応力	112
圧縮性	38
圧縮疎密波	112
アデノシン 3 リン酸	83
アボガドロ定数	95
天の川銀河	8
アルカリ乾電池	76
α 崩壊	119
暗黒物質	4
安定同位体	119
アンドロメダ銀河	8
アンペールの法則	45
イオン化傾向	73
イオン結合	137
異化反応	82
位相	111
位相速度	113
位置エネルギー	14
一次電池	71
陰極線	123
インバータ	61
インフレーション	1
渦電流	48
渦電流損失	49
宇宙の熱力学的死	101
宇宙の晴れ上がり	2
宇宙背景放射	2
運動エネルギー	13, 81
運動方程式	25
運動量	23
SI 組立単位	11
SI 接頭語	8
SI 単位系	11
sp 混成軌道	138, 139
sp^2 混成軌道	139
sp^3 混成軌道	138
X 線	123
X 線受光素子列	124
N 型半導体	63
エネルギー	12
エネルギー移行量	50
エネルギー演算子	134
エネルギーギャップ	63
エネルギー固有値	134, 135
エネルギー資源枯渇問題	17
エネルギー変換効率	68, 99
エネルギー放射率	93
エネルギー保存則	13, 15
エネルギー密度	116
MRI	125
エンタルピー	84
エントロピー	84
エントロピー増大則	83, 95, 101, 103
エントロピーの基準値	96
エントロピーの統計力学的な解釈	95
音の 3 要素	108
音の高さ	108
音の強さ	109
音階	108
温室効果ガス	19, 45, 61
温度	89
温度勾配	97

か行

回生ブレーキ	48
外積	30
回折	57
回転	38
回転運動の運動方程式	33
回転の慣性	33
開放電圧	65
化学電池	71
化学平衡	85
可干渉性	58
角運動量	33, 126
核壊変	117
拡散電位	64
核磁気回転比	127
核磁気共鳴	127
核磁気共鳴画像法	125
角振動数	110
核図表	119
核燃料物質	120
核反応	117
核分裂反応	117
核融合反応	117
核力	116
過減衰	113
加算混合	54
重ね合わせ	113
化石燃料	17, 18
化石燃料発電	61
加速膨張	3
片揺れ	43
価値	103
過電圧	75
価電子帯	63
カルノーサイクル	100
カルノーの定理	100
カロリー	81, 89
眼球の構造	53

還元反応	72
干渉	58
干渉条件	58
慣性質量	23
慣性の法則	22
完全反射体	94
完全流体	38
桿体細胞	53
γ 崩壊	119
緩和現象	126
緩和時間	126
基準振動	110
気体定数	105
基底エネルギー	135
基底状態	135
軌道量子数	134
ギブスの自由エネルギー	84
吸エネルギー反応	85
吸エルゴン反応	85
吸収線量	120
急性放射線症候群	121
球面調和関数	135
境界層	39
凝固	104
虚数単位	111, 133
強制振動	113
共鳴	113
共鳴吸収	127
共有結合	137
禁制帯	63
金属結合	137
空気力学	38
空乏層	64
屈折角	57
屈折光	57
屈折率	57
グルーオン交換	116
グレイ	120
クーロン力	136
撃力	26
撃力近似	26
減算混合	54
原子	116
原子核	116
原子核の発見	132
原子番号	119
減衰振動	113
混成軌道	138
光電効果	55, 66, 131
光電子	67

効率	99
光量子	56, 67, 131
抗力	24, 37
枯渇性エネルギー	18
国際単位系	11
黒体	94
黒体放射	131
個数密度	112
固定端	110
コヒーレンス	58
固有周期	113
固有周波数	113
孤立系	15
コンピュータ断層撮影	124

さ行

最外殻電子	137
サイクリック宇宙	8
歳差運動	126, 127
最小作用の原理	33
再生可能エネルギー	17
最大静止摩擦力	25
酸化・還元反応	71
酸化反応	72

CT	124
磁気双極子モーメント	126
磁気能率の反応	126
磁気モーメント	127
磁気量子数	134, 135
σ結合	138
次元	11
仕事	11
仕事関数	67
事象の不確かさ	102
指数	4
自然長	113
磁束密度	46, 47
実在流体	38
質点	31
質量数	119
質量線密度	110
質量体積密度	114
自発反応	85
シーベルト	121
ジャイアントインパクト仮説	4
自由エネルギー	83
循環流	41
周期	107
周波数	108
周期表	119, 134
重心の位置	21
自由膨張	105
重力	37
シュテファンの法則	93
主量子数	135
ジュール熱	47
シュレーディンガー方程式	133

循環型再生可能エネルギー	18
準静的な過程	100
衝撃波	38
照射線量	120
状態関数	133
状態数	95
状態量	90
消費電力	47
情報エントロピー	102
情報エントロピーの増大	102
初期位相	111
真空のエネルギー	4
進行波解	113
シンチレータ列	124
振動	107
振動宇宙	8
振動数	108
振幅	58, 107

水素結合	137
水素原子の厳密解	134
錐体細胞	53
推力	37
スカラー積	12
スピン量子数	134

静止圧平衡状態	112
正四面体	138
静止摩擦力	25, 26
静電気力	136
静電ポテンシャル	71
制動初速度	23
赤色巨星	7
石油	17
節	110
絶対温度	84
絶対屈折率	57
ゼーマン準位	127
遷移点	39
前期量子論	132
せん断応力	111
潜熱	104
線量	121

相互作用	131
相転移温度	104
早発影響	121
層流境界層	39
素電荷	116
ソレノイド	45

た行

対応原理	134
退行波解	113
代謝	82
体積弾性率	114
体積フラックス	143
体積フラックス一定の法則	44, 143

太陽光発電	18, 61
太陽電池パネル	61
太陽の終焉	7
対流	89
ダークエネルギー	4
縦波	112
縦揺れ	43
ダランベールの背理	38
単振動	110
弾性	112
単接合	68
断熱過程	96, 104

地下資源	18
力のモーメント	29
地球型惑星	4
地球の温暖化	19
地熱発電	18
中性子	116
超音速	38
超新星爆発	3
調和振動	110
調和振動方程式	110

抵抗体のオームの法則	47
抵抗力	24
定常波状態	113
定常流	39
てこの原理	28
てこのつり合いの原理	28
電圧	71
電位	71
電位差	71
電気自動車	48
電気双極子	137
電気素量	116
電気抵抗率	48
電気伝導性	50
電子	116
電磁気学	50
電子線	123
電磁相互作用	117
電磁波	54
電磁ブレーキ	48
電池容量	75
伝導帯	63
伝播速度	113
電流密度	66
電力	47

同位体	119
等エントロピー過程	105
等温過程	104
同化反応	82
統計力学	95
等速直線運動	22
動粘性係数	40
動摩擦力	25, 26

特性 X 線	123	半減期	119	ベルヌーイの定理	40
トルク	30, 33	反射角	57	変位	11
		反射の法則	57	変化量	84
な行		バンドギャップ	63		
内蔵電位	64	バンド図	63	ボーアの原子模型	132
内蔵電場	64	バンド理論	63	ボーアの量子化条件	132
内燃機関	16	反応子	87	ボーア半径	135
内部抵抗による電圧降下	75	晩発影響	121	ホイヘンスの原理	55, 58
				方位量子数	134, 135
二酸化炭素	61	非圧縮性流体	39	放射化物質	120
二次電池	71	PN 接合	64	放射性元素	120
二重性	56	P 型半導体	62	放射性同位体	119
入射角	57	ビオーサバールの法則	45	放射性物質	120
ニュートンの運動の 3 法則	25	非回転流	39	放射性崩壊様式	119
		光吸収過程	66	放射能	119, 120
音色	109	光の分散	54	放射率	93
熱化学方程式	79	非自発反応	85	法線	57
熱損失率	93	非線形効果	38	保存力	82
熱伝導	89	ビッグクランチ	8	ポテンシャルエネルギー	14, 81
熱伝導の法則	97	ビッグバン	1	ボルタの電堆	78
熱伝導率	97	ビッグバン元素合成	2	ボルツマン定数	95
熱の仕事当量	89	ビッグヒストリー	1		
熱平衡状態	90, 96	ビッグリップ	8	**ま行**	
熱放射	89	ピッチング	43	マクスウェル方程式	56
熱容量	91	引張り応力	111	マグナス効果	42
熱力学	83	非定常流	38	摩擦力	24
熱力学第 0 法則	90	比熱	91	摩擦力に対するクーロンの法則	25
熱力学第 1 法則	83, 90	非粘性流体	38	マッハ数	38
熱力学第 2 法則	19, 83	標準水素電極	74		
熱力学第 3 法則	96			右手の法則	46
熱量	81, 89	ファラデー定数	75	水の電気分解	72
ネルンストの熱定理	96	ファラデーの電磁誘導の法則	46		
粘性	38	不安定元素	117	明度	54
燃料電池	77	ファンデルワールス結合	137		
		風力発電	18	モーメントアーム	31
ノード	110	フェルミエネルギー	63		
		フェルミ推定	87	**や行**	
は行		フォトン	56, 67, 131	融解	104
場	38	不可逆性	94, 95	有効数字	4
配位結合	137	不確定性原理	96	誘導加熱	45, 48
バイオマス発電	19	復元力	112	誘導起電力	47
π 結合	138	物性	50	誘導電流	47, 48
媒質	107	ブラックホール	4	湯川秀樹	116
ハイブリッドカー	48	プランク定数	67, 131		
パウリの排他律	134	フーリエ解析	112	ヨーイング	43
波数	108	フーリエ分解	111	陽子	116
パスカルの原理	41	分子間結合	137	陽電子放電断層撮影法	127
波長	54, 107	分子軌道法	140	陽電子放出核種同位体	127
発エネルギー反応	85			揚力	37
発エルゴン反応	85	平均分子速度	107	4 元ベクトル	38
波動	107	平衡点	112	横揺れ	43
波動関数	113, 133	ベクトル積	31	よどみ点	40
波動光学	53	ベクトルの外積	29	よどみ点圧	40
波動説	55	ベクトルの内積	12		
波動の基本公式	60, 66	ベクトル量	11	**ら行**	
波動方程式	112, 113	β 崩壊	119	ラゲールの多項式	135
場の量子論	128	PET	127	ラゲールの陪関数	135
ハミルトニアン演算子	134	PET/CT	127	乱流	38, 39

乱流境界層	39
理想気体	105
理想気体の状態方程式	105
理想流体	38
リチウムイオン二次電池	76
粒子説	55
流線	38
流線形	39
流体	37, 111
流体力学	37
リュードベリ定数	132
量子力学	131
臨界減衰	113
レイノルズ数	40
レーザー光	59
連続の方程式	44, 143
レントゲン	120
ローリング	43
ローレンツ力	50

著者紹介

笠利彦弥　博士（理学）
　1997年　東海大学大学院理学研究科博士課程後期修了
　現　在　工学院大学　教育支援機構　講師
　　　　　東海大学理学部物理学科　講師

藤城武彦　博士（理学）
　1991年　東海大学大学院理学研究科博士課程後期修了
　現　在　東海大学理学部物理学科　教授

NDC420　　　175p　　　26 cm

教養としての物理学入門

2018年10月19日　第1刷発行
2025年 1 月23日　第3刷発行

著　者　笠利彦弥・藤城武彦

発行者　篠木和久
発行所　株式会社　講談社
　　　　〒112-8001　東京都文京区音羽2-12-21
　　　　　　販売　（03）5395-5817
　　　　　　業務　（03）5395-3615

KODANSHA

編　集　株式会社　講談社サイエンティフィク
　　　　代表　堀越俊一
　　　　〒162-0825　東京都新宿区神楽坂2-14　ノービィビル
　　　　　　編集　（03）3235-3701

本文データ制作　美研プリンティング　株式会社
印刷・製本　株式会社　KPSプロダクツ

落丁本・乱丁本は購入書店名を明記のうえ、講談社業務宛にお送りください。送料小社負担にてお取替えします。なお、この本の内容についてのお問い合わせは、講談社サイエンティフィク宛にお願いいたします。定価はカバーに表示してあります。

© Hikoya Kasari and Takehiko Fujishiro, 2018

本書のコピー、スキャン、デジタル化等の無断複製は著作権法上での例外を除き禁じられています。本書を代行業者等の第三者に依頼してスキャンやデジタル化することはたとえ個人や家庭内の利用でも著作権法違反です。

Printed in Japan

ISBN978-4-06-512527-4